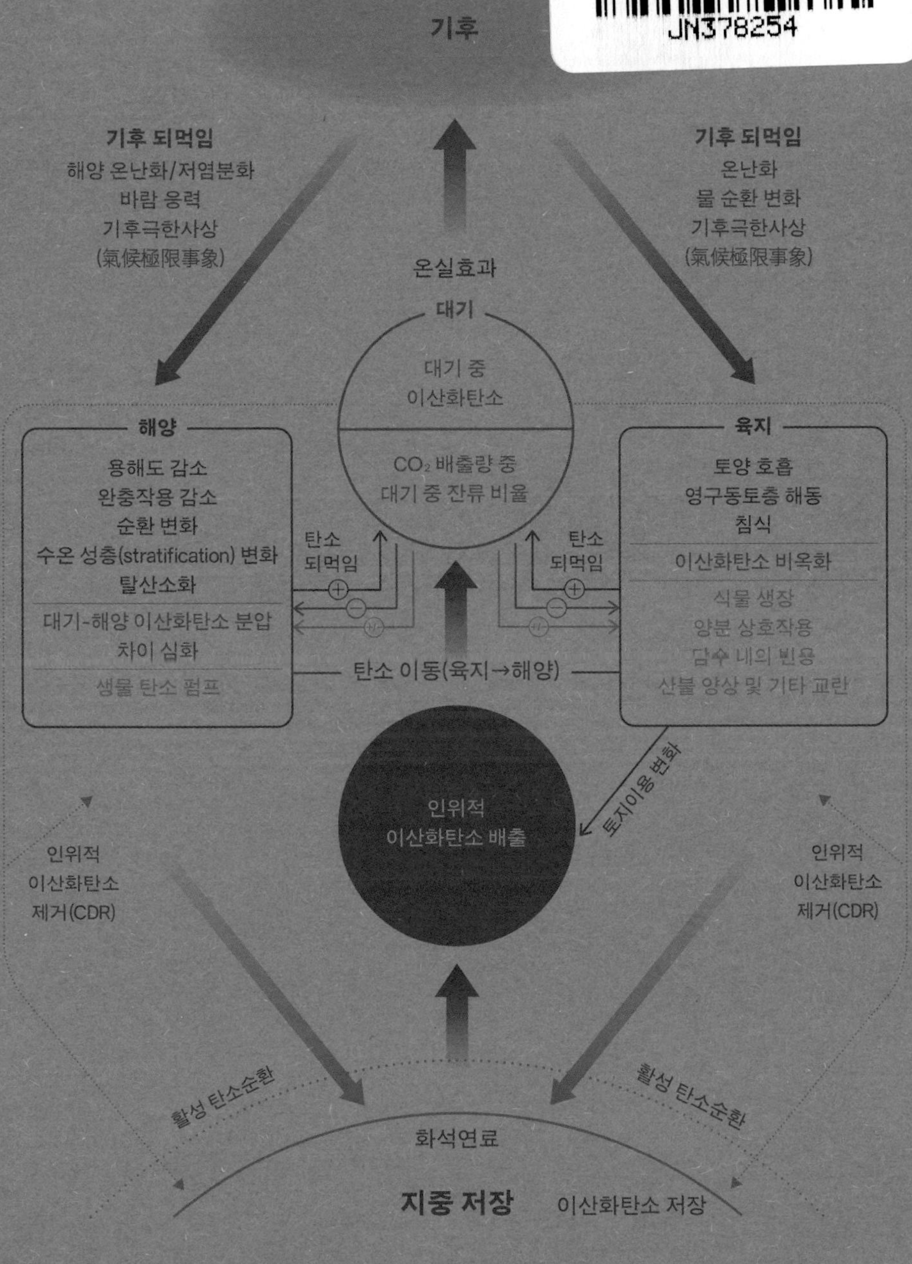

대기 중 이산화탄소 농도 및 탄소-기후 되먹임과 대기-해양-육지 연결 지구시스템
출처: IPCC, 2021, p.682

기후변화와 생태계 물질순환

추천하는 글

대표 저자인 이우균 교수는 기후변화와 그 대응에 관한 학술적 연구뿐 아니라, (재)기후변화센터의 이사로서 국가의 기후변화 대응 정책 개발 및 제언, 국민 인식 제고 및 교육 등의 실천에 행동적으로 모범을 보이고 있다. 이러한 업적으로 인해 이우균 교수는 기후변화 분야 국내외에서 높은 평가를 받고 있다. 2023년 5월에 출간한 그의 책 《자연기반해법: 위기에서 살아남는 현명한 방법》도 많은 사람에게 영감을 주고 있다. 국제사회가 2015년 파리협정을 통해 설정한 지구의 평균 표면 온도 상승을 1.5℃ 이하로 억제한다는 목표와 각국이 제시한 2050 탄소중립, 순 배출 영점화, 자연기반해법, 장기저탄소발전전략, 기후스마트농업 등의 전략을 달성하는 데 필수적인 과학 지식을 다루고 있다.

이 책은 현재의 환경 및 기후위기의 근본 원인으로 탄소, 질소 등 생명체를 구성하는 핵심 물질의 과잉을 손꼽는다. 이 물질들이 생태계의 물질순환 과정에서 어떻게 재분배되고, 그 과정에서 생태계에 미치는 영향에 관한 기초과학 연구가 환경 및 기후위기에 대처하는 다양한 노력의 기반이 되어야 함을 강조한다. 이 책은 특히 생태계 물질순환 기초과학에 대한 이해, 현장 중심의 모니터링, 자료 분석 및 모델링 등이 유기적으로 통합된 연구 기반을 갖추는 것이 중요함을 인식한다.

기후변화와 관련한 물질순환을 다룬 이 책의 중심은 2장이다. 2장은 기후 및 환경변화와 밀접한 관련이 있는 탄소, 물, 질소, 인, 황, 플라스틱 등의 순환을 IPCC 등의 보고서 및 문헌을 인용하여 소개한다. 물질순환을 일반화할 수 있는 모형을 소개하면서 우리 한반도에의 적용 가능성 또한 제시한다. 기후변화와 생태계 물질 전환에 대한 이해도를 높이고 적용하고자 하는 전문가, 학생 그리고 일반인들께도 적극적으로 이 책을 추천한다.

유영숙 (재)기후변화센터 이사장, 제14대 환경부 장관 기후변화는 지표면의 온도 상승, 해수면 상승, 폭우와 가뭄의 빈발, 해양 산성화, 생태계 교란 등의 현상으로 나타나고 있다. 각종 지푯값으로 확인되는 기후변화는 현재 기후위기로 치닫는 중이다. 기후변화는 육지, 대기, 해양 간에 흐르는 물질과 에너지의 안정적 상호작용이 깨지면서 발생하는 것이다. 이 중에서도 탄소순환과 관련된 열수지의 불균형과 생태계 훼손이 오늘날 기후변화를 악화시키는 주범으로 간주되고 있다. 따라서 기후위기의 해법은 지구의 기후환경체계를 구성하는 영역(지권, 기권, 수권, 암권, 생물권) 사이에 흐르는 물질과 에너지의 상호작용을 정확히 진단하는 데서부터 찾아야 한다. 《기후변화와 생태계의 물질순환》은 바로 이를 시도하고 있다. 말하자면, 이 책은 기후변화의 판도라 상자를 열고 있다는 뜻이다. 기후변화를 야기하는 생태계의 물질순환을 파악하기 위해 이 책은 탄소, 메탄, 질소, 인, 황, 물, 플라스틱까지 7대 물질을 주목하면서, 지구시스템 차원에서 이 물질들이 어디에서 얼마만큼 생성되고 흐르고 저장되는지를 다양한 기법과 스케일의 모델링을 통해 진단·분석하고자 한다.

이런 류의 연구가 IPCC 등을 중심으로 전 세계적으로 지금껏 행해져 왔던 게 사실이다. 그간의 연구 결과를 집대성하면서 한국에 적실한 이론과 모델링을 찾아내고자 하는 데 이 책의 남다름이 있다. 이는 다년간 연구를 통해 얻을 수 있는 것이다. 현 단계에서 이 책은 '기후변화를 야기하는 생태계의 물질순환'이란 무엇인가를 설명하는 데 집중하고 있다. 기후변화에 올바르게 대응하기 위해서는 기후변화에 대한 일반 시민들의 실천적 이해가 전에 없이 중요한 때이다. 이 책은 '기후변화의 판도라 상자'를 누구나 들여다볼 수 있도록 해주는 도우미가 되기에 충분하다.

조명래 단국대 석좌 교수, 제18대 환경부 장관

1992년 유엔기후변화협약(UNFCCC)이 채택되고 30년이 지났으나, 지구의 평균 온실가스 농도는 한해도 거르지 않고 계속 증가하고 있다. 지구촌이 온실가스 배출량을 줄이지 못하고 있기 때문이다. 2023년의 지구 평균 기온은 산업화 이전 시대와 비교하여 약 1.48℃ 상승하여, 파리협정의 온난화 제한 목표인 1.5℃에 거의 근접했다. 정상적인 지구의 물질순환에서는 연료 연소에 의한 이산화탄소 배출과 산림과 해양에 의한 흡수가 균형을 이루게 되지만, 과다한 화석연료 소비와 이에 따른 이산화탄소 배출로 전 지구적 탄소순환에 문제가 발생한 것이다.

우리나라를 포함하여 전 세계 155개 국가가 탄소중립을 선언하였다. 탄소중립은 배출된 온실가스를 산림과 해양에 의해 흡수하고, 탄소 포집·저장과 공기 직접 포집 등 물리화학적 방법으로 제거하여 온실가스 순 배출을 영점화하는 것이다. 이를 위해서는 탄소뿐 아니라 온실가스와 관련 있는 질소와 수소 등의 생태계 내 물질순환을 이해하고, 이를 정상화하기 위한 연구가 필요하다. 《기후변화와 생태계 물질순환》은 기후변화와 관련된 주요 물질의 순환에 관한 저자들의 연구 결과를 집대성한 것으로 기후변화 대응에 꼭 필요한 기본 도서이다. 기후변화 분야의 연구자, 정책수립자, 활동가들에게 적극 권하고자 한다.

전의찬 세종대 교수, 전 2050 탄소중립위원회 기후변화위원장

기후변화의 핵심 요인으로 산업화 이후 화석연료의 남용이 손꼽힌다. 무탄소 에너지로의 대전환이 글로벌 키워드가 된 배경이다. 그러나 과연 이것만으로 기후위기를 해결할 수 있을까?

　이 책은 산업화 이전 농업을 비롯, 인간의 생활 자체가 기후변화의 동인이 되고 있음을 체계적으로 파헤치고 있다. 특히, 비료의 남용으로 탄소뿐 아니라 질소 배출의 과잉이 가져온 생태계의 물질순환 파괴에 주목한다. 에너지는 물론 농업을 비롯하여 산림, 해양 등 제반 정책이 근본적으로 바뀌어야 함을 보여주는 시대적 역작이다. 앨 고어는 에너지에 이어 농업과 식량이 대전환의 다음 타깃이라 역설한 바 있는데 이 책이 그 이유를 설명하고 있다. 대한민국의 탄소중립 녹색성장 정책 또한 이를 유념할 것이다.

김상협 대통령 직속 2050 탄소중립녹색성장위원회 공동위원장, KAIST 부총장

《기후변화와 생태계 물질순환》의 출간을 진심으로 축하드린다. 이 분야 연구와 논의를 선구자적으로 주도해 온 오정리질리언스연구원과 조직을 이끌어 오신 이우균 고려대 교수님께도 존경을 담아 축하의 말씀을 드린다.

현재의 기후위기를 극복하기 위하여 인류는 다양한 방면에서 해결 방법을 찾아가고 있다. 지속가능하고 현실적인 대응을 위하여 최근에는 다양한 기술적인 노력이 진행되고 있다. 하지만 과학적인 이해가 부족한 상황에서의 섣부른 시도들이 가져올지도 모르는 부작용에 대한 우려도 커지고 있는 것 또한 부정할 수 없는 현실이다. 이러한 상황에서 가장 기초적인 지식에 해당하는 물질순환을 이해하는 것이야말로 기후변화 대응을 위해 꼭 필요한 일이다.

현재 우리가 누리는 풍요함을 포기하지 못하고 기술적인 방법으로 단기적인 위기를 극복하려는 것이 아닌 생태계의 관점에서 인류의 영속을 생각해 보는 과학적 근거를 마련할 수 있는 기초를 이 책을 통하여 배울 수 있기를 바란다. 환경 및 기후위기에 대한 더 나은 이해를 바라는 연구자, 학생, 정책 결정자, 환경 활동가 등 다양한 독자들에게 이 책을 추천한다.

김호 한국기후변화학회장, 서울대학교 교수

우리는 현재 기후위기 시대를 살고 있다. 왜 기후위기가 발생했을까? 우리는 무엇을 어떻게 해야 하는 것일까?

흔히 기후위기는 이산화탄소를 비롯한 온실가스가 인간의 사회경제 활동에서 과도하게 배출됨으로써 발생한 문제라 말한다. 하지만 온실가스, 그중에서도 핵심이 되는 이산화탄소가 어떤 기제를 통해 기후위기를 야기하는지, 대기와 해양 및 육지가 어떻게 서로 관련되어 있으면서 상호작용을 하는지, 그래서 어떻게 극단적인 기상변화가 나타나게 되는지, 그 흐름과 상호작용을 제대로 알지는 못한다. 저자들은 기후위기에 대한 해결책을 찾으려면 인간과 자연, 육지와 대기 및 해양, 물질과 에너지의 상호작용을 동시에 고려해야 한다고 말한다. 그리고 핵심에는 생태계의 물질순환이 있다고 말한다. 그래서 이 책의 제목은 《기후변화와 생태계 물질순환》이다.

이 책은 대기와 해양, 육지가 어떻게 서로 영향을 주고받는지에 대하여 대기권과 수권, 생물권, 암석권을 거치는 물질(원소 또는 화합물)의 흐름과 순환이란 프리즘을 통해 친절하게 설명한다. 특히 인간을 비롯한 지구상 모든 생물의 생존과 번식에 필수적인 원소인 탄소가 대기와 해양, 육지에서 대기권과 수권, 생물권, 암석권을 어떻게 순환하며 기후위기를 심화시키게 되는지를 다양한 그림과 수치로 보여준다. 이 과정에서 우리의 시야는 지구시스템 전체로 넓어지고, 보다 큰 그림 속에서 상호연결된 문제로 기후위기를 인식할 수 있게 된다.

기후위기는 사회과학과 자연과학, 어느 하나의 학문 분과로는 이해하기 어렵다. 자연과학적 이해와 사회과학적 이해가 만날 때 문제 해결의 실마리를 만날 수 있고, 문제 해결의 가능성을 키울 수 있다. 그 점에서 《기후변화와 생태계 물질순환》은 이제껏 기후변화 문제를 자연과학의 관점에서, 특히 물질순환의 관점에서, 깊이 있게 이해하지 못한 일반 시민에게 반가운 자연과학 안내서이자 해설서가 될 것이다.

윤순진 전 2050 탄소중립위원회 민간위원장, 서울대학교 환경대학원장

일러두기

1. 맞춤법과 외래어 표기법은 국립국어원의 용례를 따랐다. 다만, 전문용어와
   고유명사(기관명, 보고서명 등)의 경우 연구서나 논문에서 통용되는 방식을 따랐다.
   또한 출처와 자료의 외국 인명과 외국 지명은 국문을 병기하지 않고 원어 그대로 썼다.
2. 본문에서 단행본은 겹화살괄호(《 》)를, 보고서와 논문, 선언문, 법은
   홑화살괄호(〈 〉)를 썼다.
3. 국제기구와 협약은 가능한 한 국문으로 풀어쓰되, 가독성이 떨어지는 경우에는
   약어로 표기했다. 영문 공식 명칭은 처음 언급됐을 때 표기했다.

기후변화와 생태계 물질순환

박훈 송철호 최현아 이우균

Climate Change and Ecosystem Material Cycles

OJERI BOOKS

목차

추천하는 글   2

들어가는 글: 순환의 고리를 이해해야 하는 이유   14

1장. 기후변화   20

  1. 원인: 탄소순환 이상   27
    1.1. 열수지 균형 이상   29
    1.2. 생태계 훼손   29
  2. 현황: 부문별, 지역별 영향   35
    2.1. 기후 시스템 변화 현황   35
    2.2. 부문별 영향   39
    2.3. 지역별 영향   48
    2.4. 국내 기후변화 피해 현황   49
  3. 전망: IPCC 시나리오에 따른 영향   54
    3.1. 대표 농도 경로 시나리오   54
    3.2. 공통 사회경제 경로   56
    3.3. SSP-RCP 결합 시나리오   57

2장. 생태계 물질순환   60

  1. 6대 원소와 플라스틱   63
  2. 현황: 물질 수지 중심   66
    2.1. 탄소   66
    2.2. 물   78
    2.3. 질소   87
    2.4. 인   97
    2.5. 황   102
    2.6. 플라스틱   114

3장. 물질순환 모형 122
   1. 모형 기초 이론 125
      1.1. 탄소순환 모형 128
      1.2. 생물권 모형 131
      1.3. 환경 및 생태정보학 132
   2. 평가 모형: 규모에 따른 분류 134
      2.1. 대규모 모형: 대기, 해양, 육상 137
      2.2. 소규모 모형: (대기[수문 등 포함]) 토양, 식생 150
      2.3. 모형별 입출력 인자 158
   3. 물질순환시스템 연구 방향 165
      3.1. 기후위기 관련 연구 방향 165
      3.2. 물질순환 연구 방향 170
      3.3. 한국형 모형 접근 186

맺는 글: 난제에서 한 걸음 나아가기를 194

참고자료 200
  참고문헌 201
  데이터베이스 237
  통계자료 237

약어 238

시각자료 250
  표 251
  그림 252

저자 소개 256

들어가는 글

순환의 고리를
이해해야 하는 이유

인류세Anthropocene라는 새 지질시대의 지정이 임박했다. 인류 문명이 지구 환경의 변화에 미친 영향을 강조하는 지질지대 구분을 학술적으로 검토할 만큼 지난 200여 년간 지구는 크게 달라졌다. 인류는 전 지구적으로 막대한 규모로 화석연료와 비료를 사용하며 산업을 발전시켰다. 동시에 이산화탄소, 질산염, 암모늄 등을 배출하며 지구 생태계의 탄소 및 질소 등 물질순환material cycle에 유례없는 변화를 초래했다. 생태계 물질순환 교란으로 생태계 다양성 감소, 오염의 악순환, 지구온난화 등이 돌이킬 수 없는 수준으로 심각해지고 있다. 그리고 이는 환경과 기후위기로 다가오고 있다.

국제사회는 환경 및 기후위기에 대처하기 위해 다양한 노력을 하고 있다. 일례로 2015년 파리협정을 통해 지구의 평균 표면온도 상승을 1.5℃ 이하로 억제한다는 목표를 설정하고, 각국은 2050 탄소중립Carbon Neutrality 또는 순 배출 영점화 Net Zero Emissions, 자연기반해법Nature-based Solutions, NbS, 장기저탄소발전전략Long-Term Low-Emission Development Strategies, LT-LEDS, 기후스마트농업Climate Smart Agriculture, CSA, 기후긍정설계Climate Positive Design, CPD 등의 전략을 제시해 왔다. 우리나라도 이에 발맞추어 최근 2050 탄소중립 추진 전략 및 실행 계획을 발표한 바 있다.

현재의 환경 및 기후위기의 근본 원인으로 탄소, 질소 등 생물을 구성하는 핵심 물질의 과잉이 손꼽힌다. 따라서 이 물질들이 생태계의 순환 과정에서 어떻게 재분배되는지 그 과정에서 생태계에 어떤 영향을 미치는지에 관한 기초과학 연구가 환경 및 기후위기에 대처하는 다양한 노력의 기반이 되어야 한다. 그러나 대부분의 국가와 전 지구 차원의 전략은 생태계 물질순환 기초과학에 기반하지 못하고, 사회정치적 필요 및 절실함에 따라 마련되고 있다. 이러한 상황은 우리나라의 관련 분야 연구 수준에도 영향을 미치고 있다. 2018년 기준, 국내의 생태계 보전 및 복원 분야 연구 수준은 응용 분야에서는 우수한 반면, 기초 분야에서는 '보통'으로 생태계 기초연구가 부족한 상황이다.

고려대학교는 2014년, 회복탄력적 생태계resilient ecosystems를 특성화하기 위해 부설 오정리질리언스연구원OJEong Resilience Institute: OJERI@KU을 설립하였다. 오정리질리언스연구원의 생태계-물-기후변화 회복탄력성 연구의 기본은 '물질순환'이다. 상대적으로 부족한 '생태계 물질순환 분야의 기초과학' 분야를 장기적이고 안정적으로 지원 및 육성할 필요성이 높은 상황에서 오정리질리언스연구원은 한국연구재단의 기초과학 중점연구소 사업을 통해 이를 성공시킬 가능성이 크다고 평가된다.

이상은 오정리질리언스연구원이 2021년 한국연구재단의 기초과학 중점연구소에 '환경 및 기후위기 대응을 위한 생태계 물질순환 기초과학'의 연구과제명으로 지원한 계획서의 일부이다. 당시, 환경 및 기후위기의 근본 원인을 생태계의 물질순환 고리가 훼손되었거나 단절된 것으로 보고, 이를 회복시키는 것을 위기 극복의 단초라 여겼다. 그를 위한 '생태계 물질순환' 기초과학에서는 생태계 물질순환 기작에 대한 이해, 현장 중심의 모니터링, 자료 분석 및 모델링 등이 유기적으로 통합되는 연구 기반을 갖추는 것이 중요하다고 인식되었다. 다행스럽게도 9년간 지원되는 기초과학 중점연구소로 선정되었고, 2024년 2월 현재 1단계 3년을 성공적으로 마무리하고, 3월부터 2, 3단계를 이어갈 예정이다.

지난 3년간 중점연구소를 진행하면서 '기후변화와 관련된 물질순환 모델링'에 대한 기초이론서를 발간하는 것이 필요하다는 절실함에서 본 도서 집필을 기획하게 되었다. 절실함의 무게만큼이나 시작은 쉽지 않았다. '기후변화', '물질순환', '모형' 등이 저자들의 전공 영역으로 여겨지다가도 막상 '집필'을 해야 한다는 사실 앞에 서면 회피하고픈 것이 현실이었다. 그러나 중점연구소 1단계에서 20여 개의 세부 과제를 운영 및 관리하면서 '생태계 물질순환 모형'을 이해해야 한다는 중압감은 커졌다. 최소한 연구진 간의 공감대를 위해서라도 이론서를 만들어야 한다는 용기에서 본 도서 집필을 감행하게 되었다. 공동 저자로 참여하면서 그 용기에 힘을 주신 박훈 박사님, 송철호 박사님, 최현아 박사님께 감사드린다.

이 책은 주제를 3개의 장으로 나누어 단계적으로 접근하는 방식으로 집필되었다. 1장에서는 기후변화의 원인, 현황, 시나리오 등을 다루어 기후변화에 대한 이해를 도모하고자 하였다. 기후변화와 관련한 생태계 물질순환을 다룬 2장과 3장이 본 도서의 중심이다. 2장에서는 우선 기후 및 환경변화와 밀접한 관련이 있는 탄소, 물, 질소, 인, 황, 플라스틱 등의 순환을 IPCC 등의 보고서 및 문헌을 종합해 소개하였다. 이어서 3장에서는 물질순환을 일반화할 수 있는 모형을 소개하면서 한반도에서의 적용가능성을 제시하였다.

노력은 많이 하였지만, 막상 마무리되어 가는 과정에서 아쉬움도 많이 생겼다. 생각만큼 쉽지 않았다. 그러나 많은 문헌을 통해 기후변화와 관련된 생태계 물질을 규명하고, 순환의 고리를 이론과 모형으로 제시했다는 것에 의미를 두고자 한다. 본 도서가 거름이 되어 기후변화와 생태계 물질순환 기초 연구가 더 활성화되고, 더불어 더 깊고 정교한 이론서 발행으로 이어지길 기대한다. 아울러 기후 및 환경위기 대응에 도움이 되기를 바란다.

2024년 2월
대표 저자 이우균

1장.
기후변화

기후변화와 생태계 물질순환　Climate Change and Ecosystem Material Cycles

1. 원인: 탄소순환 이상

2. 현황: 부문별, 지역별 영향

3. 전망: IPCC 시나리오에 따른 영향

그림 1-1. 인류가 경험한 적이 없는 온난화가 예상되는 전 지구 온도 경로
출처: IPCC, 2022a, p.155

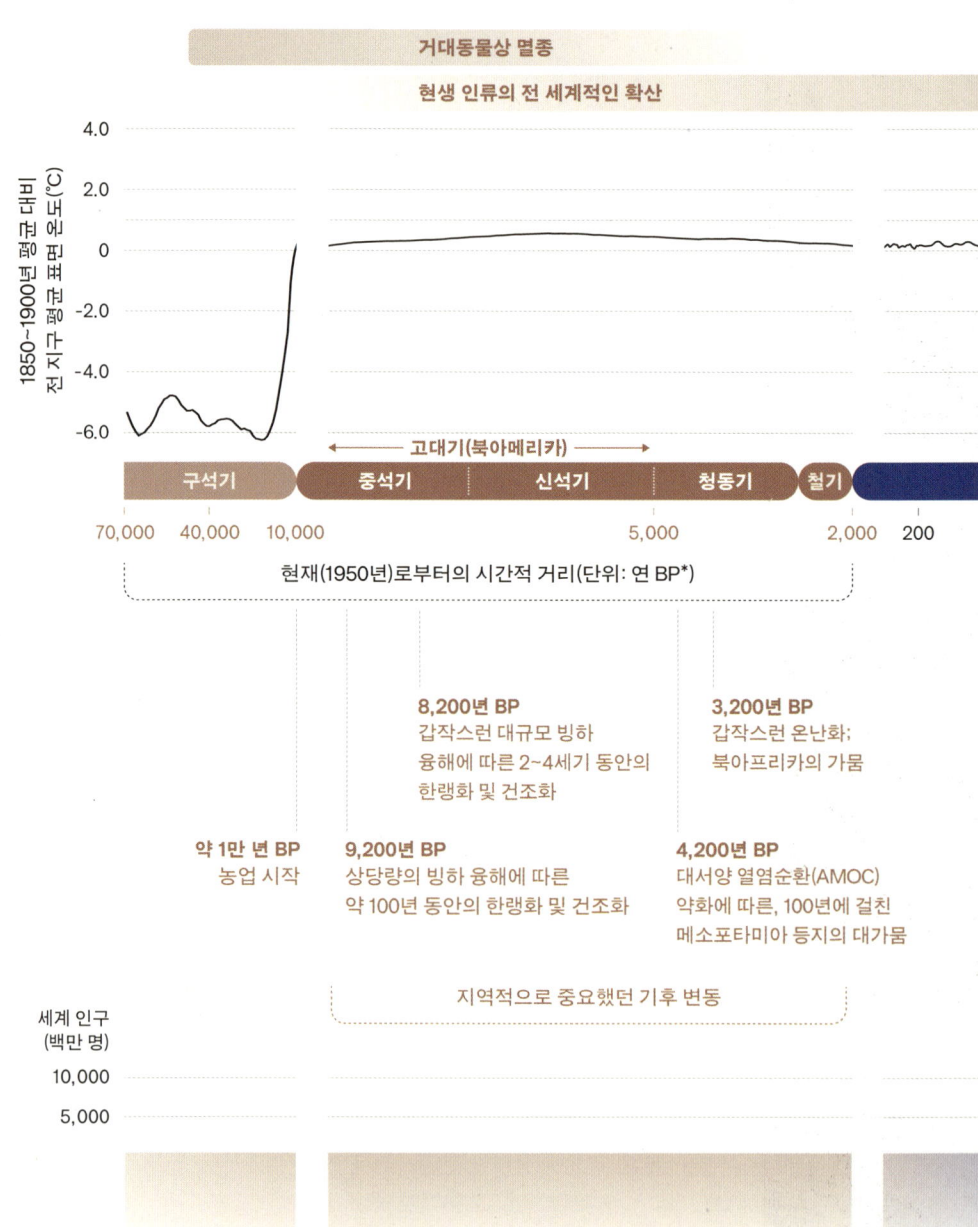

*   BP: 1950년 기준 이전
** CE: 공통 시대. 서기와 같은 의미
*** 오르비스 스파이크: 1492년 유럽인의 아메리카 대륙 발견 이래 1610년까지 아메리카 대륙의 선주민이 전염병 등으로 약 5천만 명 사망하면서 탄소 배출량이 감소하고 산림이 확산되며 탄소 흡수량이 증가하면서 대기 중 이산화탄소 농도가 단기간에 하락한 시기

시나리오
- SSP5-8.5
- SSP3-7.0
- SSP2-4.5
- SSP1-2.6

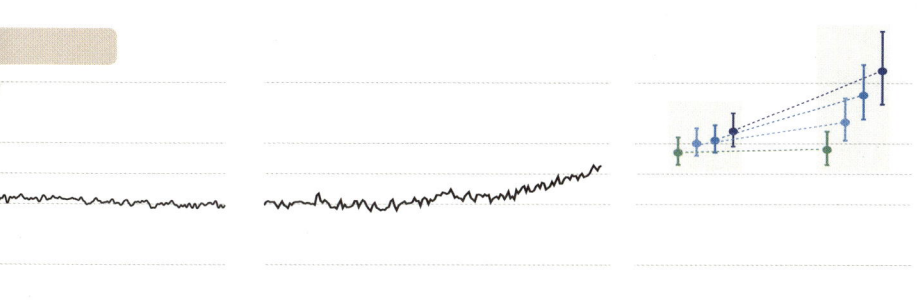

| 역사 시대 시작 | 산업 시대 | 디지털 시대 | 예측되는 미래 |

0   1000   1400   1800 1850   1900   1950   2000 2020   2041-2060   2081-2100

CE 1750년경
산업혁명 시작

CE 1964년
핵폭탄 실험으로 대기 중의 탄소-14(^{14}C) 농도 최고 수준 기록

CE 1610년경**
오르비스 스파이크***

CE 1950년
산업적 화학물질의 지속 발생

1장. 기후변화

마지막 빙하기와 함께 구석기 시대가 끝났다. 이후, 지구 표면의 온도가 비슷하게 유지되었다. 인간이 활동하기 용이해졌고, 안정적인 기후 덕분에 농업도 본격화되었다. 곧 인구가 늘어나기 시작했다. 인구가 늘어날수록 농경지도, 사냥감도 늘어나야 했다. 이는 멸종되는 동물의 증가와 산림의 감소로 이어졌다. 인간이 거주하는 곳마다 자연 환경은 영향을 받았다.

기후 '위기'라고 불릴 만큼 우려할 수밖에 없는 변화의 조짐은 화석연료를 본격적으로 활용하기 시작한 1750년경부터 드러났다. 자연자원 개발, 도시화 확산 등으로 인한 산업시대가 파생한 부정적 변화는 1950년대부터 상승일로를 걷는다. 화석연료 사용량이 급증하고, 트랜지스터 발명(1947년)으로 시작한 디지털화가 산업 생산성을 급격히 높인 시기와 일치한다. 부정적으로 치닫는 변화의 흐름은 지금까지도 이어지고 있다. IPCC의 공통 사회경제 경로Shared Socioeconomic Pathways, SSPs 시나리오에 의하면 미래(2040년 이후)에는 인류의 선택에 따라 낮게는 2℃ 미만, 높게는 4℃ 이상 지구 표면의 온도가 올라갈 것으로 예측된다. 이는 인간뿐 아니라 육상(육지) 및 담수, 연안 및 해양까지 생태계 전체에 영향을 미친다. 이로 인해 약 100만 종의 동식물이 멸종위기에 처한 것으로 보고되고 있다.

국제사회는 인류가 직면한 위기인 기후변화에 대응하기 위해 전 지구적으로 합의한 새로운 기후체제인 파리협정Paris Agreement을 2016년 공식 발효하고 매년 유엔기후변화협약 United Nations Framework Convention on Climate Change, UNFCCC 당사국총회Conference of the Parties, COP를 통해 논의를 진전시키고 있다. 그럼에도 기후변화의 영향은 점점 심각해지고 있다.

　기후변화를 산업화 이후의 변화로만 보아서는 곤란하다. 농업과 식생활처럼 환경에 부정적인 영향을 미칠 것이라 인식하기 어려운 분야에서도 인간의 활동은 기후와 환경에 영향을 미쳤다. 그리고 인류사에 해당하는 매우 오랜 시간동안 기후와 환경을 바꿔왔다. 그러므로 기후와 환경의 문제를 분석하고 해결책을 찾으려면 광범위한 연구가 기반이 되어야 한다. 인간 활동의 어느 한 부문이나 생태계의 일부만 분석한다면 원인과 결과, 다양한 요인의 상호작용을 파악하기 어렵다. 결과적으로 중요한 요인을 의도치 않게 놓칠 수 있어서, 오랜 시간 많은 자원을 투입해도 연구 결과에서 불확실성이 줄이기 쉽지 않다. 따라서 기후위기의 해결책을 찾으려면 인간과 자연, 육지와 대기 및 해양, 물질과 에너지의 상호작용을 동시에 고려해야 한다. 그러려면 전 지구적인 차원에서 분석한 연구가 기초가 되어야 한다. 그래야만 점점 더 작은 규모로 인간사회와 생태계 분석 범위를 좁혀가도 신뢰도 높은 결론을 얻을 수 있다.

　물질순환을 이루는 탄소순환 이상, 열수지 균형 이상, 생태계 훼손으로 인한 기후변화는 지구시스템의 물질순환 체계에 위협으로 다가올 수 있다. 그래서 이 책에서는 생태계의 물질순환을 파악하기 위해 대기와 해양, 육지가 서로 영향을 주고받는 지구시스템을 연구의 기초로 삼았다.

그림 1-2. 대기 중 이산화탄소 농도 및 탄소-기후 되먹임과 대기-해양-육지 연결 지구시스템
출처: IPCC, 2021, p.682

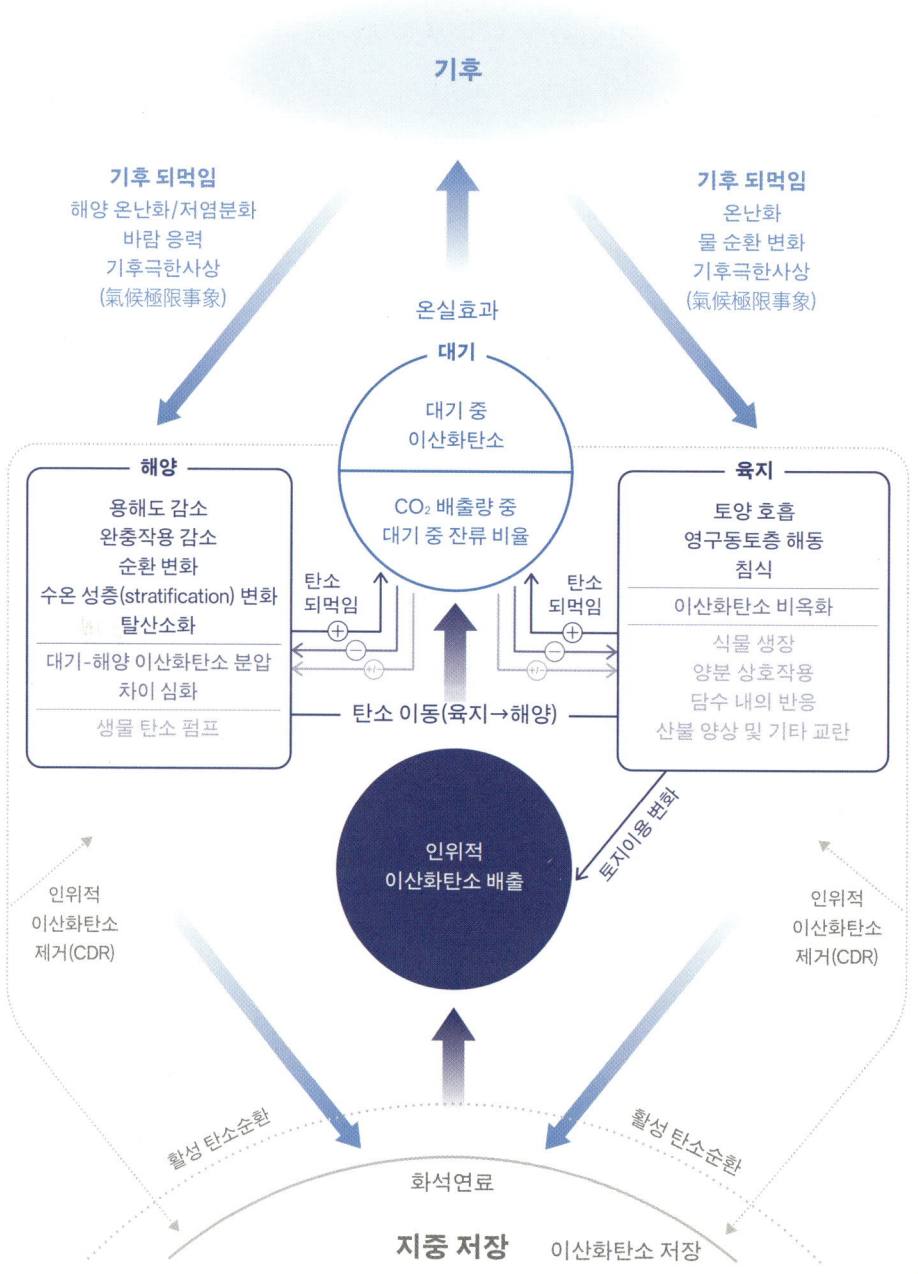

1. 원인: 탄소순환 이상

기후변화의 원인은 크게 자연적 원인과 인위적 원인으로 꼽을 수 있다. 자연적 원인으로는 대기 조성의 변화, 태양 활동, 지구와 태양 사이의 거리 변화, 지구 자전축 기울기의 변화 등이 있다. 인위적 원인에는 강화된 온실 효과enhanced greenhouse effect, 에어로졸의 증가, 산림, 습지 등 생태계 파괴, 토지 피복의 변화 등이 있다. 이 중에서도 물질순환의 일부인 탄소순환 이상에서 비롯된 열수지 균형 이상과 생태계 훼손이 기후변화를 가속화시키고 악화시킨다.

    탄소순환 이상은 인간의 활동으로 인해 발생하는 이산화탄소의 양이 자연의 작용으로 흡수되는 양보다 많아서 생긴다. 지금 지구에서는 탄소 화합물인 이산화탄소와 메탄의 발생량은 늘어나는 반면, 흡수량이 그만큼 증가하지는 않거나 오히려 줄어들고 있다. 결과적으로 양자 사이에서 불균형이 발생하면서 생긴 생태계의 물질순환 고리 이상으로 인해 지구온난화, 즉 기후변화가 발생하는 것이다.

그림 1-3. 전 지구의 평균 에너지 수지

단위: W/m²
출처: IPCC, 2021, p. 934

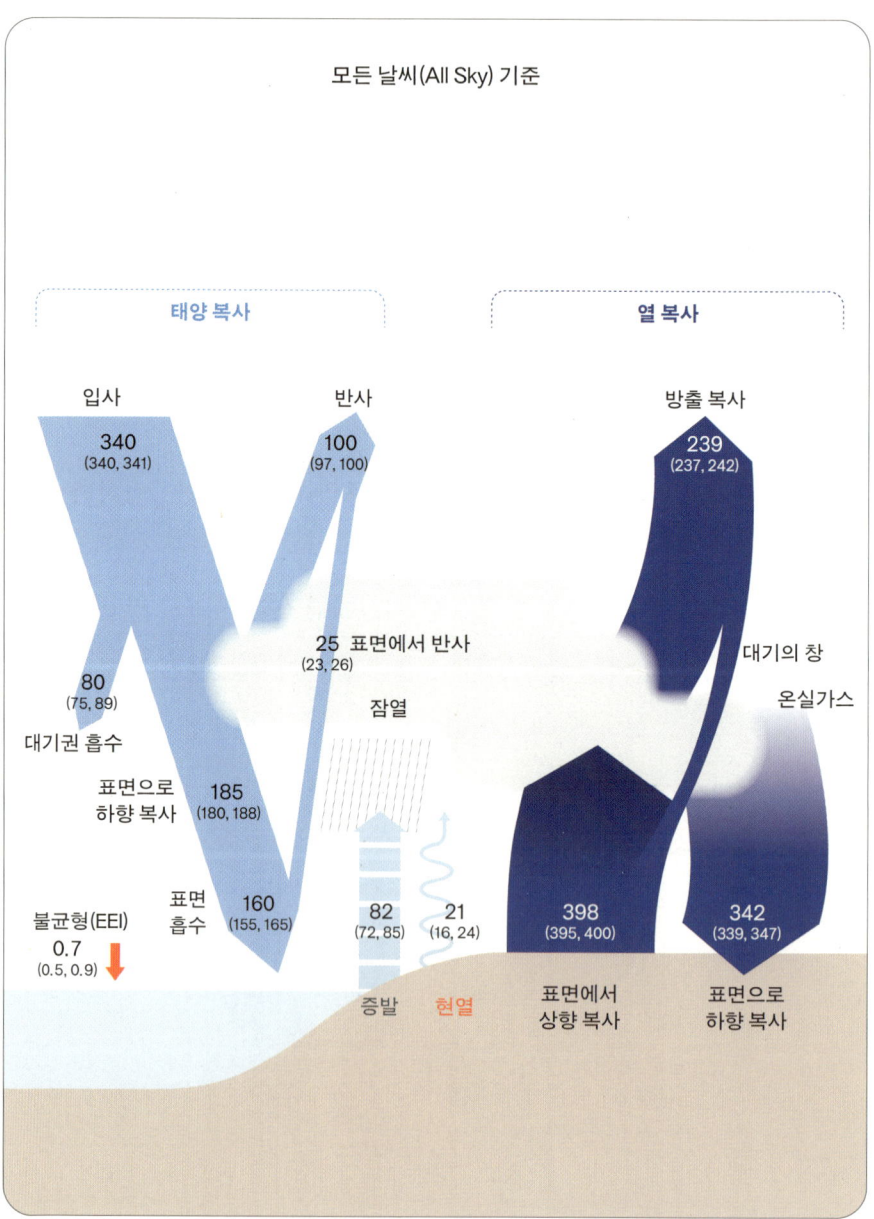

1.1. 열수지 균형 이상

본래 지구의 에너지 수지는 흡수된 태양 복사에너지와 같은 양이 열 복사의 형태로 우주로 방출되면서 균형을 이루었다. 그러나 인간이 배출하는 이산화탄소와 기타 온실가스는 증가하고 산림과 같은 탄소 흡수원은 감소하면서 지구의 에너지 불균형Earth's Energy Imbalance, EEI을 유발한다. 그리하여 온실가스에 붙잡힌 에너지는 열 형태의 에너지로 축적되어 기후변화를 주도한다. IPCC(2021)에서는 1993~2018년 측정한 EEI 평균값을 $0.7W/m^2$로 제시한다.

주요 온실가스의 농도가 상승함에 따라 전체 온실가스의 복사강제력도 점차 증가하고 있다. 1750년 대비 2019년의 총 유효복사강제력effective radiative forcings, ERF은 $2.72(1.96\sim3.48)$ W/m^2였으며, 이는 동시에 앞으로 EEI가 더 빠른 속도로 증가할 가능성이 크다는 것을 의미한다. 한편, 이산화탄소가 총 복사강제력에 가장 크게 기여하는 것으로 나타났다(IPCC, 2021, p. 311). 1990년에서 2021년까지 전체 온실가스는 49% 증가($1.06W/m^2$)하였는데, 이산화탄소($0.82W/m^2$)가 증가량의 약 80%를 차지했다(기상청, 2023).

1.2. 생태계 훼손

자연 생태계에서는 무기환경 요소와 생물, 생물과 생물이 서로 영향을 주고받으면서 살아간다. 덕분에 무기환경 요소와 생물의 수, 종류가 크게 변하지 않으면서 생태계 균형을 유지하고 있다. 또한 안정된 생태계에는 생물의 종류와 개체수, 생체량, 열역학적 에너지 효율을 유지하기 위한 자기조절 능력이 있다.

그런데 인간이 공장을 가동하고, 자동차를 이용하며, 냉·난방 시설을 가동하는 등 문명생활을 영위하는 과정에서 에너지를 과도하게 사용하면서 이산화탄소 발생량이 늘어났다. 다른 한편에서 인간은 토지를 과도하게 사용하면서 자연과 생태계의 탄소 흡수 및 저장 기능을 훼손하며 탄소 발생량을 늘리고 있다. Keenan과 Williams(2018)는 토지이용의 변화로 인해 산림과 수변공간, 그리고 농업과 토양 부문에서 많은 양의 탄소를 배출하는데, 이로 인해 매년 전 세계적으로 13억3천만 톤의 탄소가 배출되는 것으로 보고하였다. 도시화와 개발을 위한 토지이용 변화로 인해 온실가스를 자연적으로 흡수하는 산림지, 농경지, 초지, 습지 등 토지 기반 흡수원이 훼손되면서 기후변화가 발생한다고 볼 수 있다.

배출 부문별로는 에너지 공급 부문이 가장 크고 산업, 수송, 가정 및 상업 순으로 배출량이 많다. 이러한 온실가스 배출량 증가는 결국 강화된 온실효과로 작용하여 기후변화의 중요한 원인이 되고 있다.

기후변화에 관한 정부간 협의체
(Intergovernmental Panel on Climate Change, IPCC)

IPCC는 세계기상기구World Meteorogical Organization, WMO와 유엔 환경계획United Nations Environment Program, UNEP이 설립한 과학자 집단이다. 과학적 사실을 바탕으로 기후변화의 근거와 대응 전략을 담아 기후변화협약UNFCCC의 실행에 관한 보고서를 발행한다.

1990년 〈제1차 평가 보고서〉를 발간한 이후 최근 〈제6차 평가 보고서6th Assessment Report, AR6〉를 펴내면서 기후변화의 영향과 대응의 시급성을 강조해 왔다. 또한 각 평가 보고서 출간 사이에 중요한 이슈를 담은 특별 보고서Special Reports 및 방법론 보고서Methodology Reports를 별도로 출간하였으며, 정책결정자를 위한 주요 권고사항을 요약한 보고서Summary for Policy Maker에 핵심 내용을 담아 제시해 왔다.

IPCC에서는 기후변화 완화를 위한 궁극적인 해결책은 인간이 배출하는 온실가스를 줄이는 감축 활동이라고 강조한다. 특히, 〈제6차 평가 보고서〉는 기후변화 완화를 위해 모든 나라가 의무 감축을 본격적으로 시작한 시점에 발간되어 그 의의가 크다.

이 보고서에 따르면, 인간의 활동으로 인한 온실가스 배출은 전 지구의 표면 온도GMST를 1850~1900년 대비 현재(2011~2020년) 1.1℃ 상승시켰다. 1850~2019년의 총 누적 탄소 배출량은 이산화탄소 기준으로 2조4천억 톤(±2400억 톤), 2019년 전체 온실가스의 연간 배출량은 2010년 대비 12% 증가한 590억 이산화탄소상당량톤(±66억 톤)이다. 그런데

1870년부터 2019년까지의 인위적 이산화탄소 배출량 변화를 보면 과거와 현재 모두 전 지구 온실가스 배출량의 지역, 국가 및 개인의 기여도는 균등하지 않았다(IPCC, 2021, p.688). 1인당 온실가스 배출량이 많은 상위 10% 가구는 소비 기반 온실가스를 34~45% 배출한 반면 하위 50%는 13~15%의 소비 기반 온실가스를 배출한 것으로 나타난 것이다.

표 1-1. IPCC 평가 보고서(AR)의 영향

1990	제1차 평가 보고서	유엔기후변화협약 채택(1992)
1995	제2차 평가 보고서	교토의정서 채택(1997)
2001	제3차 평가 보고서	교토의정서 이행 촉진(2005)
2007	제4차 평가 보고서	기후변화의 심각성을 전파한 공로로 노벨평화상 수상(2007)
2013~2014	제5차 평가 보고서	파리협정 채택(2015)
2021~2023	제6차 평가 보고서	제1차 전 지구적 이행 점검 예정

표 1-2. IPCC 특별 보고서(SR) 및 방법론 보고서(MR)의 주요 내용

연도	보고서	주요 내용
1994	국가 온실가스 인벤토리 작성을 위한 1994 IPCC 가이드라인 (1994 IPCC Guidelines for National Greenhouse Gas Inventories)	인벤토리 개념 제시
1996	국가 온실가스 인벤토리 작성을 위한 개정 1996 IPCC 가이드라인 (Revised 1996 IPCC Guidelines for National Greenhouse Gas Inventories)	인벤토리 평가 방법 제시
2000	배출 시나리오 특별 보고서 (Emissions Scenarios)	SRES 시나리오, IAM 이용 평가 등 체계 정립
	토지이용, 토지이용변화, 산림 특별 보고서 (Land Use, Land-Use Change, and Forestry)	LULUCF 개념 체계화
2005	이산화탄소 포집 및 저장 특별 보고서 (Carbon Dioxide Capture and Storage)	CCS 개념 구체화
2006	국가 온실가스 인벤토리 작성을 위한 2006 IPCC 가이드라인 (2006 IPCC Guidelines for National Greenhouse Gas Inventories)	인벤토리 고도화
2011	재생에너지원 및 기후변화 완화 특별 보고서 (Renewable Energy Sources and Climate Change Mitigation)	친환경 에너지의 기후변화 완화 기여 잠재력 제시
2018	지구온난화 1.5°C 특별 보고서 (Global Warming of 1.5°C)	1.5도 목표 제시
2019	기후변화와 토지 특별 보고서 (Climate Change and Land)	토지 황폐화 중립성, 토지이용 변화 예측
	해양 및 빙권 특별 보고서 (Ocean and Cryosphere in a Changing Climate)	제3극*, 빙권의 중요성, 해수면 상승

* 제3극(Third Pole): 티베트 고원 서쪽과 남쪽의 산악 지역으로, 힌두쿠시-카라코람-히말라야 (Hindu Kush-Karakoram-Himalayan, HKKH) 시스템으로도 알려져 있음.

표 1-3. IPCC AR5와 AR6 제1실무그룹 보고서의 주요 기후변화 요소 비교
출처: 기상청, 2021

비교 요소		AR5 제1실무그룹 보고서 (2013년 발간)	AR6 제1실무그룹 보고서 (2021년 발간)
온실 가스 농도*	이산화탄소(CO_2)	410ppm	391ppm
	메탄(CH_4)	1,866ppb	1,803ppb
	아산화질소(N_2O)	332ppb	324ppb
이산화탄소 농도 사례		최근 80만 년간 전례 없음	최근 200만 년간 전례 없음
전 지구 평균 표면 온도(GMST) (산업화 이전 대비)		0.78℃ 상승 (2003~2012년)	1.09℃ 상승 (2011~2020년)
전 지구 평균 해수면 (1901년 대비)		0.19m 상승 (2010년)	0.20m 상승 (2018년)
총 인위적 복사강제력 (1750년 대비)		2.29 W/m^2 증가 (2011년)	2.72 W/m^2 증가 (2019년)
2081~2100년(세기말) 전 지구 평균 표면 온도(GMST) 상승 범위**		0.3~4.8℃ (1986~2005년 대비)	1.0~5.7℃ (산업화 이전 대비)
2081~2100년(세기말) 전 지구 평균 해수면 상승 범위		0.26~0.82m (1986~2005년 대비)	0.28~1.02m (1995~2014년 대비)
역사적 이산화탄소 누적 배출량		1,890$GtCO_2$ ([1861~1880]~2011년)	2,390$GtCO_2$ (1850~2019년)

* AR5: 2011년 측정값 기준, AR6: 2019년 측정값 기준
** AR5는 RCP(대표 농도 경로) 시나리오, AR6는 SSP(공통 사회경제 경로) 시나리오를
  기반으로 미래 전망을 산출했으므로, 상호 간 기반 시나리오가 다른 점을 감안해야 함

2. 현황: 부문별, 지역별 영향

2.1. 기후 시스템 변화 현황

기후변화는 기온 상승과 해수면 상승, 홍수와 가뭄, 폭염과 한파, 태풍과 사이클론 등 극한 기상 현상 발생에 영향을 미친다. 실제로 기후변화는 산악 빙하, 그린란드 빙하, 제3극의 빙하 소실 등 다양한 방식으로 기후 시스템에 영향을 미치고 있다.

다른 위도 지역보다 기온 상승 폭이 훨씬 큰 극지방에서는 로스비파Rossby wave[2]의 변화와 그에 동반된 제트기류의 변화와 같은 현상이 나타난다. 그런데 최근 들어 극지방의 기온 상승 폭이 커지면서 고위도와 저위도 간 차이가 작아짐에 따라 제트기류의 흐름이 늦춰지고 있다. 이로 인해 북쪽과 남쪽에 있는 기압대가 빠르게 이동하지 않고 한 지역에 오래 머물면서 극단적인 기상 현상이 자주 나타나고 있다(박훈, 2021). 로스비파가 일으킨 블로킹[3]으로 인해 2018년 우리나라에서는 폭염으로 인해 관측 사상 최고 기온 기록을 경신하였다. 2019년 유럽을 강타한 폭염도 로스비파로 인한 블로킹 때문이었다.

2022년에도 유럽에는 기록적인 폭염과 그로 인한 산불 피해가 잇따랐다. 기후변화로 인해 가뭄이 과거보다 오래 지속되

---

2 상부 편서풍대에서 나타나는 사인 곡선 모양의 장주기 파동.
3 중위도 상층의 공기 흐름이 정체해 편서풍은 약해지고 남북으로 부는 바람이 강화되는 현상.

면서 토양이 더 건조해지고, 토양수분 부족이 산불 발생 가능성을 높이는 연쇄작용 때문이었다. 이런 일이 특정 시기에, 특정 지역에서만 일어나는 일은 아니라는 점에 문제의 심각성이 있다. 최근 세계 곳곳에서 기후변화로 인한 폭염, 태풍, 산불 등이 빈발하면서 자연 생태계와 인간에게 큰 위협이 되고 있다.

세계기상기구(2021)에서는 2020년, 전 지구의 평균 표면온도GMST가 산업화 이전인 1850~1990년 평균보다 1.2 ± 0.1℃ 상승했다고 발표했다. IPCC(2021)도 공통 사회경제 경로를 중심으로 한 미래 시나리오에 따른 전 지구 평균 온도 상승에 대한 전망에서 온실가스 배출이 궁극적으로 기후변화와 지구온난화로 이어진다고 제시했다. 이로 인해 산업화 이전에는 10년에 한 번 발생하던 극한 고온 현상은 2.8배, 극한 강수는 1.3회 더 자주 발생한 것으로 나타났다. 온난화 수준별로 나누어서 보면, 1.5℃ 지구온난화에 도달 시에 폭염 등 극한 고온은 4.1배, 극한 강수는 1.5배 증가한다. 4℃ 지구온난화에 도달 시에는 극한 고온은 9.4배, 극한 강수는 2.7배 더 자주 발생할 뿐만 아니라 강도가 세질 것으로 전망하였다.

IPCC(2021)의 〈기술 요약 보고서Technical Summary〉에 따르면, 10년 중 가장 더운 날의 온도는 산업화 이전과 비교하여 현재 1.1℃가 상승하였다. 전 지구 평균 온도가 2℃ 증가할 경우 2.6℃, 4℃ 증가할 경우 5.1℃ 상승할 것으로 예측되어 기후변화가 심화할수록 고온으로 인한 피해는 더욱 커질 것으로 전망된다. 10년에 한 번 발생하는 빈도의 극한 가뭄은 지구의 평균 기온이 1.5℃ 증가할 경우에는 2배, 2℃ 증가할 경우에는 2.4배, 4℃ 증가할 경우에는 4.1배 증가할 것으로 전망된다. 강수의 경우, 현재는 10년 빈도 강수량이 1.3배 증가하였으나 1.5℃ 상승하면 1.5배, 2℃ 상승하면 1.7배, 4℃ 상승하면 2.7배 증가할 것으로 보인다. 최근 전 세계적으로 큰 피해를 일으키는 열대성 저기압은 1.5℃ 상승하면 10%, 2℃ 상승하면 13%, 4℃ 상승하면 30% 정도 발생 빈도가 증가할 것으로 예측된다. 해수면은 2018년 기준으로 1900년 수준보다 이미 약 20cm 상승했으며

그림 1-4. 전 지구 평균 표면 기온(GSAT) 변화: 관측값과 기후 모형의 모사값
기준 시기(1850~1900), 출처: IPCC, 2021, p.435

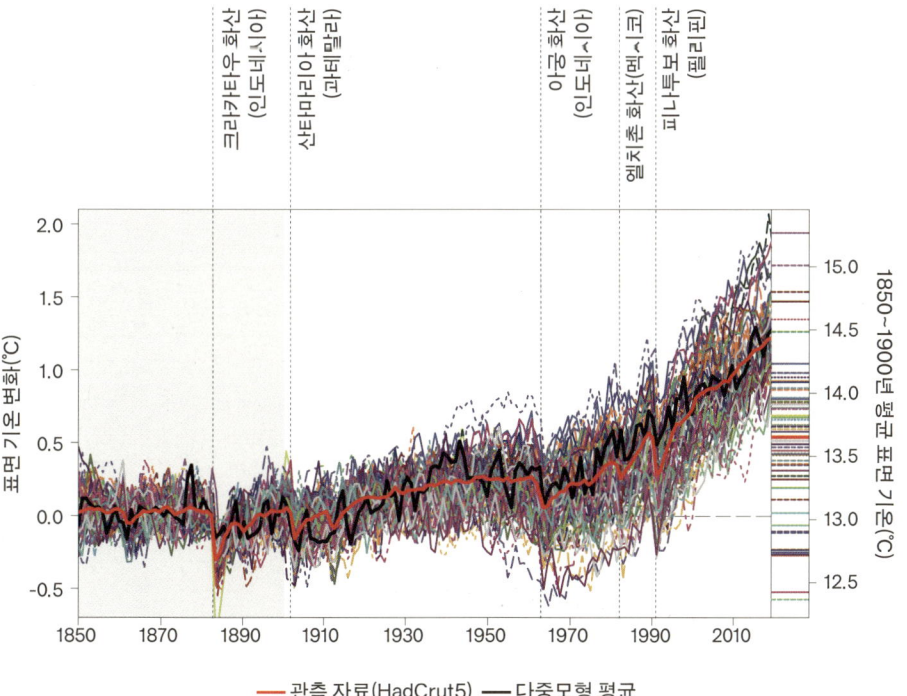

그림 1-5. 전 지구 평균 해수면 변화
출처: IPCC, 2021, p.22

(a) 1950~2020년의 해수면 변화

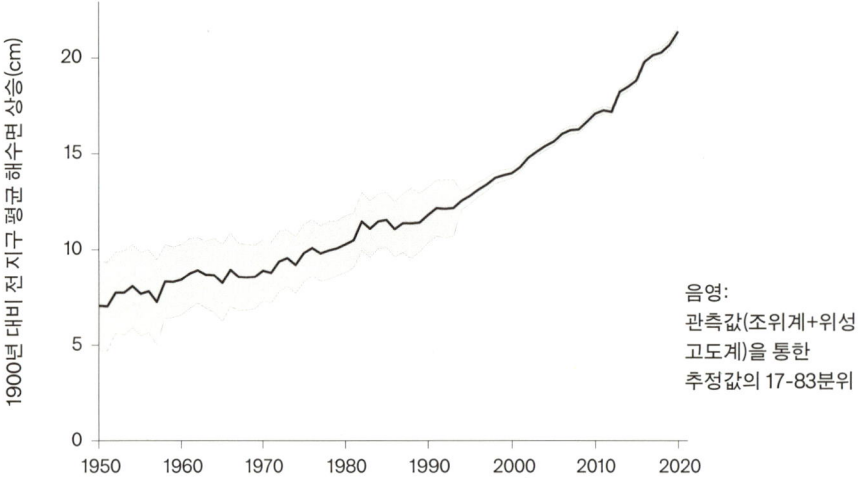

(b) 2020~2100년의 해수면 변화 전망

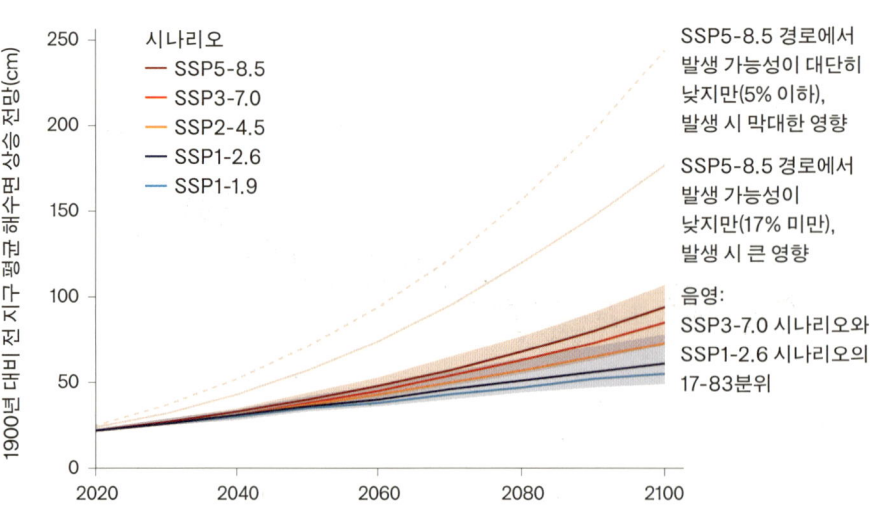

2100년까지 온실가스 배출 정도에 따라 50~100cm까지, 남극 빙상이 돌연 붕괴하는 경우에는 1.5~2.5미터까지도 상승할 것으로 예상된다(IPCC, 2021).

산업화 이후 지금까지 인류가 배출한 이산화탄소의 24.8%를 바다가 흡수한 것으로 추정된다(IPCC, 2021). 그런데 IPCC의 〈지구온난화 1.5℃ 특별 보고서〉(2019)에 따르면, 기후변화로 인한 주요 위험 중 현재 위험 수준이 가장 높은 분야는 해양과 관련이 있는 온도, 열대 산호, 북극해 해빙海氷, sea ice, 소규모 저위도 수산업, 연안 침수 등이다. 엄청난 잠재력을 지닌 탄소 흡수원인 바다가 과도하게 배출된 탄소로 인한 피해에 가장 취약한 셈이다.

2.2. 부문별 영향

• **생태계와 생태계 서비스**

육상(육지), 연안 및 해양, 담수 생태계를 포함한 생태계와 생태계가 제공하는 서비스도 기후변화의 영향을 받는다. 이 중 일부 요소는 다른 요소보다 더 취약하다(UNEP, 2021a). 특히, 현재 해안 습지의 20~90%는 해수면 상승 속도에 따라 금세기 말까지 손실될 위험에 처했다(UNEP, 2021b). 이는 여러 생태계 서비스 중에서도 식량 공급, 관광 및 연안 보호를 더욱 위태롭게 할 것이다.

전 세계에는 약 810만 종의 생물이 있다. 이중 상당수가

그림 1-6. 지구온난화 수준에 따른 생물 분류군의 멸종위기종 비율
출처: IPCC, 2022a, p.260

(a) 멸종 위험이 매우 높은 종(멸종위기 "위급"[CR] 전환 가능)의 비율

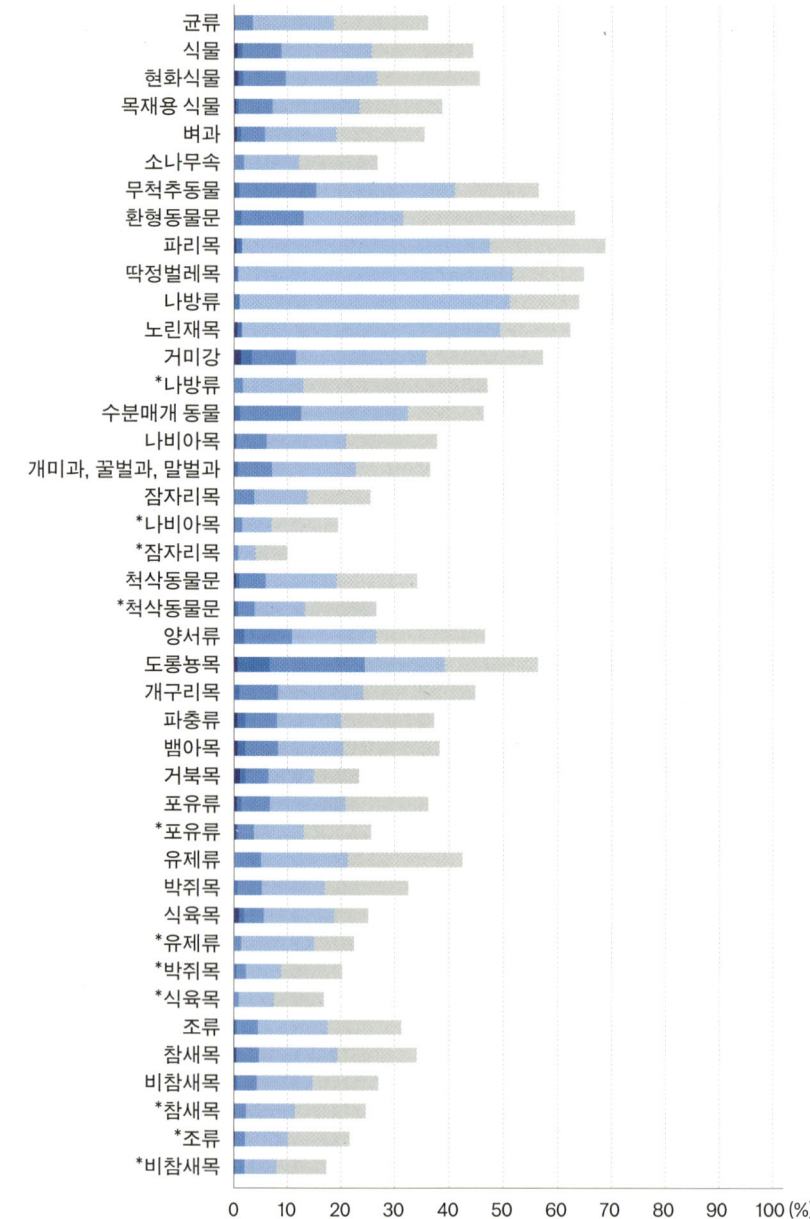

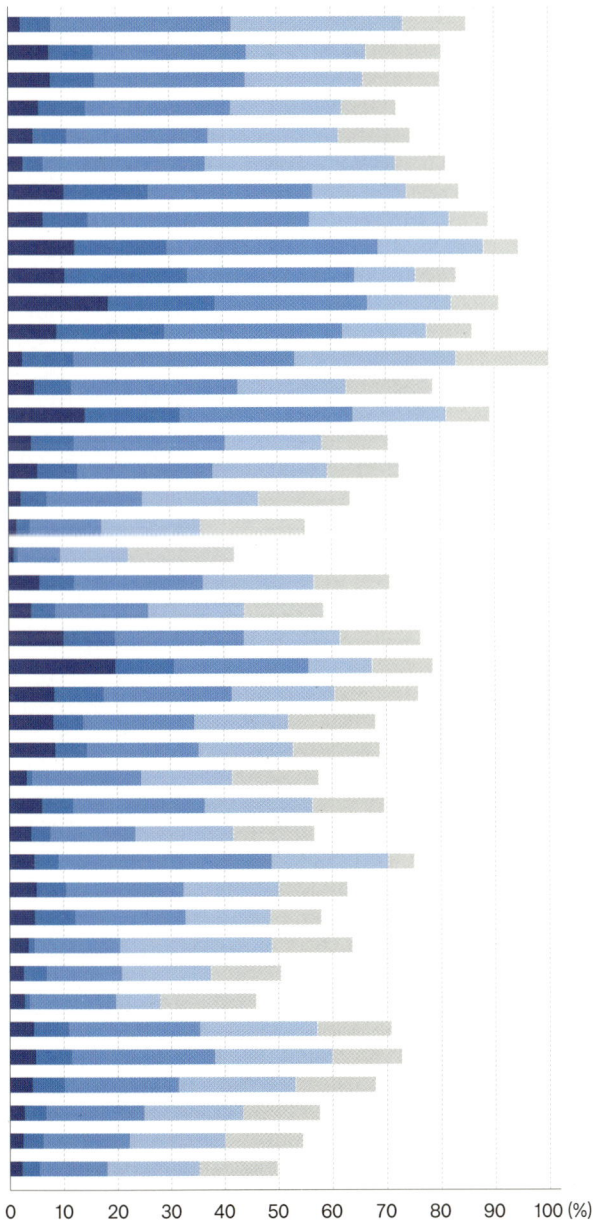

(b) 멸종 위험이 높은 종(멸종위기 "위기"[EN] 전환 가능)의 비율

1장. 기후변화

기후변화로 인해 생존 자체를 위협받고 있다. 생물다양성 및 생태계 서비스에 관한 정부간 과학-정책 플랫폼인 생물다양성 과학기구Intergovernmental Science-Policy Platform on Biodiversity and Ecosystem Services, IPBES는 기후변화로 인해 감소하는 생물종이 개발 사업으로 인한 토지이용 변화에 따른 생물종 감소보다 더 심각할 것으로 예측하면서 약 100만 종의 동식물이 멸종 위기에 처한 것으로 평가하고 있다(IPBES, 2019). 지구상의 약 1/8이 우리가 일으킨 변화로 인해 영원히 사라질 위기이다.

    IPCC는 지구온난화 증가에 따라 기후 시스템 내 많은 부분이 큰 변화를 겪을 것이라 경고한다. 그 변화에는 북극 해빙, 눈 덮임, 영구 동토층 감소뿐만 아니라 극한 고온, 이상 고수온, 호우, 일부 지역 내 농업·생태학적 가뭄의 빈도와 강도, 강력한 열대 저기압의 비율 증가가 포함된다. 지구온난화가 0.5℃ 증가할 때마다 극한 폭염 등 고온, 호우, 일부 지역 내 농업·생태학적 가뭄의 강도와 빈도가 두드러지게 증가할 것이라고 경고했다(IPCC, 2021).

· **평균 기온**

인간이 대기, 해양, 육지의 온난화에 영향을 미치는 것은 명백한 사실이다. 그리고 기후변화의 영향은 대기, 해양, 빙권, 생물권에서 광범위하고 신속하게 발생하고 있다. 1880년 이후 전 지구 평균 표면 온도는 10년마다 0.07℃ 상승했고, 2016~2020년 사이 전 지구 평균 표면 온도는 산업화 이전보다 1.2℃ 상

표 1-4. 지구온난화 수준에 따른 10대 기후 위험

출처: Yeo et al., 2019; 박훈, 2022에서 재인용

구분	지구온난화 1.5°C	지구온난화 2°C
극한 기상현상	홍수 위험 **100%** 증가	홍수 위험 **170%** 증가
생물다양성	곤충의 **6%**, 식물의 **8%**, 척추동물의 **4%** 멸종 위기	곤충의 **18%**, 식물의 **16%**, 척추동물의 **8%** 멸종 위기
수자원	도시 거주민 **3억5천만 명**이 심각한 가뭄 위험에 노출	도시 거주민 **4억1천만 명**이 심각한 가뭄 위험에 노출
주민 건강	세계 인구의 **9%(약 7억 명)**가 적어도 20년에 1번은 극심한 폭염에 노출	세계 인구의 **28%(약 20억 명)**가 적어도 20년에 1번은 극심한 폭염에 노출
북극 해빙	해빙이 완전히 녹는 여름이 **100년에 1번** 이상 발생	해빙이 완전히 녹는 여름이 **3~10년에 1번** 이상 발생
해수면 상승	2100년까지 해수면이 **48cm** 상승, **4천6백만 명**이 영향 받음	2100년까지 해수면이 **56cm** 상승, **4천9백만 명**이 영향 받음
해양	해양 생물다양성과 생태계 기능과 서비스의 위험이 **1.5°C에서 2°C보다 더 낮음**	
산호초 백화현상	2100년까지 세계 산호초의 **70%** 소실	2100년까지 세계 산호초 **전체** 소실
식량	**0.5°C 상승할 때마다** 식량 산출이 더 감소하고 열대지역 식량의 영양 성분 **감소**	
비용	**2°C에서 1.5°C보다 경제성장 약화**(특히 저소득 국가 성장 악화)	

승했다(IPCC, 2021). 2023년 4월 기준 지구 대기의 이산화탄소 농도는 약 421ppm으로, IPCC 보고서의 전 지구적 산업화 기점인 1750년(약 280ppm)보다 무려 50% 더 높다(Scripps Institution of Oceanography, 2023).

· **바다**

전 지구 평균 표면 온도 상승으로 인해 평균 해수면은 1901~2018년 사이 20cm 상승했으며, 2021년 기준 평균 해수면은 1993년 이래 9.7cm 상승했다(Lindsey, 2022). IPCC의 〈지구온난화 1.5℃ 특별 보고서〉는 2100년까지 전 지구의 평균 해수면 상승 폭이 2.0℃ 온난화일 경우, 1.5℃ 온난화보다 약 0.1m 높을 것으로 전망했다. 또한 해수면은 2100년 이후에도 계속 상승할 것으로 예측했다(IPCC, 2019). 한편 생물종 감소, 멸종과 같은 생물다양성과 생태계에 대한 영향은 육상에서 더 심각해질 것으로 예상된다.

바다는 인간의 활동으로 대기 중으로 배출되는 이산화탄소의 약 1/4(Global Carbon Budget 2023에 따르면 26%)을 흡수하는 거대한 탄소 흡수원이다. 그런데 이렇게 흡수된 이산화탄소가 바닷물에 용해되면서 수소이온 농도(pH)가 낮아지는 것이 해수 산성화의 주원인이다. 최근에는 산성화 속도가 빨라져서 세계 바다의 표층 해수가 10년마다 약 3.65%만큼 산성이 강해지고 있다(EEA, 2020).

그림 1-7. 기후변화에 따른 장기(1770년~2100년) 전 지구 연평균 해양 표층수 수소이온 농도(pH_T)
출처: Jiang et al., 2019

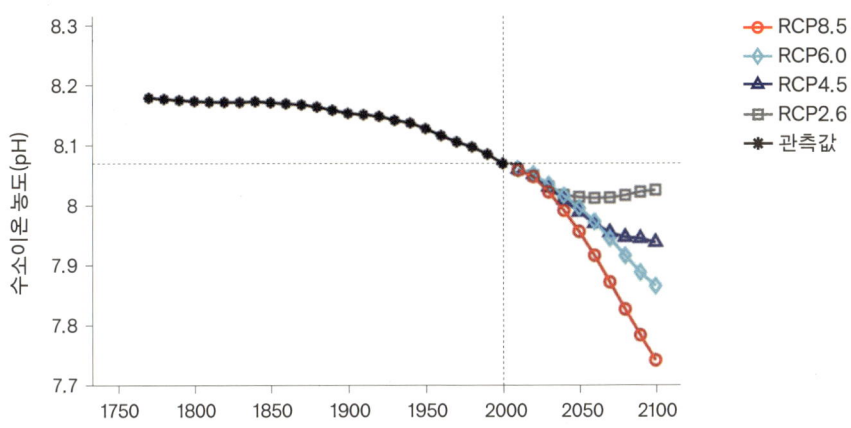

그림 1-8. 해역별 해수면 온도 변화율
영국 기상청 해들리센터의 1925~2016년 해빙 및 표층수 온도 자료 기준, 출처: IPCC, 2022a, p.392

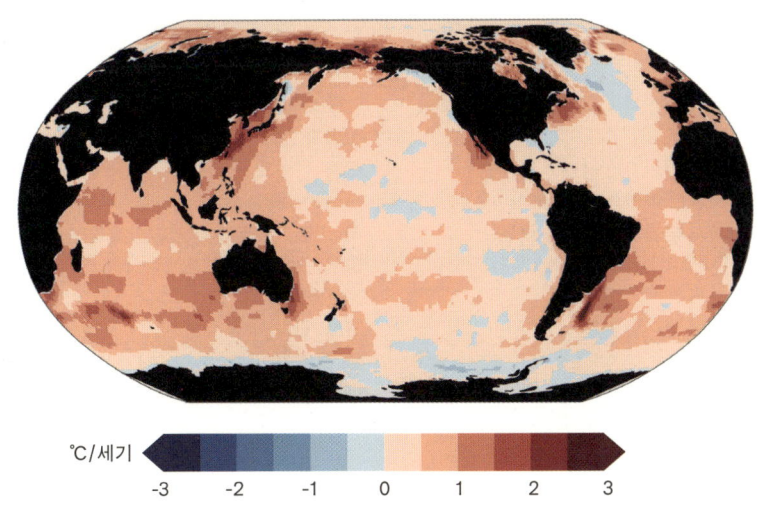

그림 1-9. 토지이용과 탄소순환의 관계
출처: Keenan & Williams, 2018

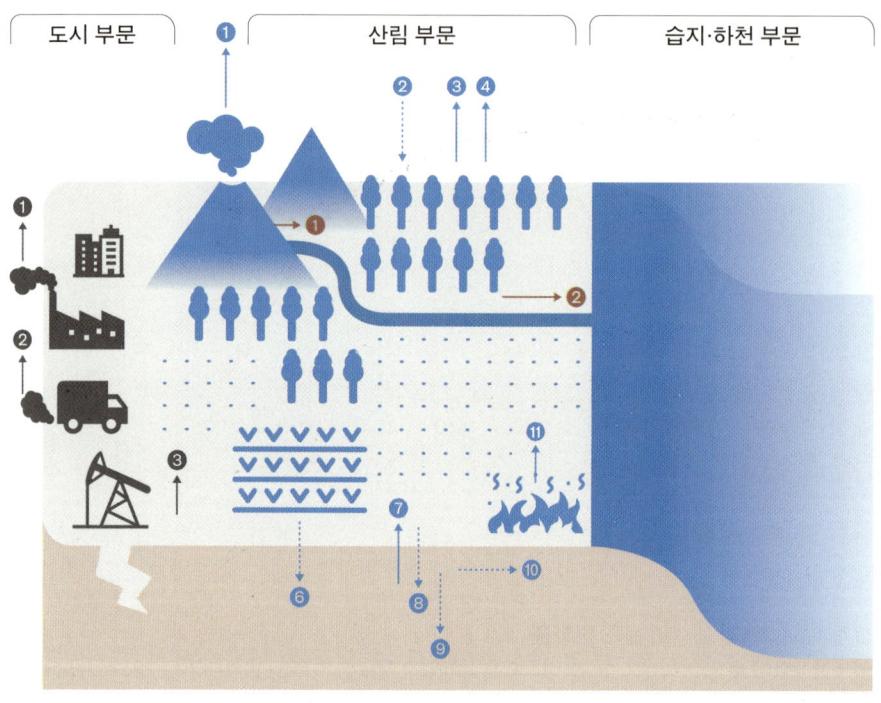

자연적 탄소 변환
1. 화산 폭발에 의한 이산화탄소 배출
2. 광합성을 통한 이산화탄소 흡수
3. 식물 호흡을 통한 이산화탄소 배출
4. 휘발성유기화합물 형태의 이산화탄소 배출
5. 농업 부문의 배출
6. 농업 부문의 폐기물 매립
7. 토양 호흡
8. 식물 고사/노쇠
9. 토양 유기물 집적
10. 뿌리 삼출물을 통한 토양으로의 탄소 수송
11. 산불 배출

인위적 탄소 변환
1. 화석연료 연소 및 시멘트 생산에 의한 이산화탄소 배출
2. 수송 부문의 이산화탄소 배출
3. 석탄과 석유의 인위적 채굴

풍화, 침식, 수송
1. 풍화/침식
2. 하천에 의해 개방수역으로 탄소 수송

· **산림과 토지**

세계농업기구 FAO 추산에 의하면, 전체 육지 면적의 약 1/3(31%, 4,060만km²)에 달하는 지구의 산림 면적은 매년 약 76억 이산화탄소상당량톤의 온실가스를 흡수하여 기후변화 대응에 기여한다(FAO, 2020; Harris et al., 2021). 우리나라에서도 국토의 2/3(63%)를 차지하는 산림에서 이산화탄소를 2019년 기준 4,320만 톤 흡수하는 것으로 파악된다. 이는 우리나라 온실가스 총 배출량(7억140만 이산화탄소상당량톤)의 약 6.2%를 차지하는 양이다(온실가스종합정보센터, 2021).

그런데 숲의 나이가 증가함에 따라 생장이 둔화하면서 산림의 이산화탄소 흡수량은 2008년 이후 점차 감소하는 추세다. 이러한 추세라면 2050년에는 현재 흡수량의 30% 수준으로 감소할 것으로 예측된다. 국립산림과학원에 의하면, 50년 이상 된 산림은 2020년 현재 5.7%이다. 하지만 2030년에는 32.9%, 2050년에는 72.1%로 증가할 것으로 예상된다. 따라서 숲가꾸기, 신규조림 확대 등을 시행하며 산림을 적극적으로 관리하지 않는다면 2050년 산림의 이산화탄소 흡수량은 1,400만 톤으로 감소할 것으로 예측된다(정병헌 등, 2023).

한편, '2050 탄소중립 시나리오'에서는 산림 대책을 강화하고, 해양·하천·댐 등 흡수원을 최대로 활용한다면 2050년에는 온실가스 흡수량을 최대 2,530만 이산화탄소상당량톤까지 확보할 것이라고 예측했다(2050 탄소중립위원회, 2021).

2.3. 지역별 영향

IPCC(2021)는 지구온난화가 진전함에(또는 심화함에) 따라 모든 지역에서 기후영향인자의 변화가 동시다발적으로 증가할 것으로 예측했다. 또한 건강과 밀접한 극한 열 임계치extreme heat threshold를 더욱 빈번하게 초과할 것으로 전망했다.

1.5℃ 지구온난화일 때 호우 그리고 호우와 관련된 홍수는 아프리카, 아시아, 북미, 유럽 대부분 지역에서 강하고 빈번해질 것이며, 2℃ 혹은 그 이상일 때는 더 많은 지역에서 더 많은 기후영향인자가 변화할 것으로 예측했다. 지역별 변화로는 열대 저기압 그리고/또는 중위도의 폭풍 심화, 하천 홍수 증가, 평균 강수량 감소 및 건조도 증가, 산불이 일어나기 쉬운 날씨 증가가 포함되었다.

유럽, 동아시아, 북아메리카는 21세기 말 평균 기온이 현재 대비 2.4~7.8℃ 상승하며, 아프리카와 오세아니아, 남아메리카 지역은 1.7~6.0℃ 정도 높아질 것으로 전망되었다. 동아시아 지역 극한 기온의 강도, 빈도, 지속기간 추세를 보면 1950년대 이후 고온 관련 지수는 증가하고 저온 관련 지수는 감소하는 경향이 뚜렷하다. 인위적인 온실가스 증가가 그 원인임이 밝혀졌다. 동아시아 지역에서 최근 관측된 여름철 이상 고온 현상은 인위적 강제력이 있을 때 발생 확률이 커진다는 것이 확인되었다.

극한 강수 추세는 일부 지역에서 일 최대 강수량이 증가하는 추세가 나타났지만 엘니뇨 남방진동El Niño-Southern Oscillation, ENSO과 같은 자연 변동성과 관련성이 커서 인위적 강제력의 영향을 평가하기는 어려운 상황이다. 이외에도 동아시아의 여름 몬순은 기존의 밝혀진 원인과 더불어 열대 대서양의 해수면 온도, 아시아 대륙의 저기압 및 상층 제트기류, 남아시아 몬순의 경년 변동과 북대서양, 열대 인도-태평양 지역의 다양한 수십 년 변동의 영향을 받는 것으로 새롭게 확인되었다.

2.4. 국내 기후변화 피해 현황

한반도에서 기후변화는 전 세계 평균보다도 빠르게 일어나고 있다. 또한 기후변화로 인한 극한 기후 현상의 발생 빈도와 강도도 더욱 증가할 전망이다(기상청, 2020).

2016년은 전국 기상 관측망이 제대로 구축된 1973년 이후, 연평균 기온이 가장 높은 해였다. 2021년이 두 번째, 2019년이 세 번째로 연평균 기온이 높았다. 이를 통해 최근 온난화가 뚜렷하게 나타나고 있음을 알 수 있다. 1991년에서 2020년까지 최근 30년은 과거 30년(1912~1941년)보다 여름은 20일 길어지고(98일→118일), 겨울은 21일이 짧아졌다(109일→87일).

2019년 우리나라에서는 총 27회의 자연 재난이 발생했다. 이로 인해 폭염 사망자 30명을 포함해 총 48명이 사망하고 2,162억 원의 재산 피해가 발생했다. 정부는 이를 복구하기 위해 1조3,488억 원의 예산을 투입해야 했다(행정안전부, 2020).

이 같은 피해는 앞으로도 이어질 것으로 예측된다. 기상 관측 이래 지금까지도 우리나라의 지표 기온은 세계 평균 상승 속도(0.14℃/10년)보다 더 빠르게 상승(0.19℃/10년)해 왔다(박훈, 2021). 앞으로도 21세기 후반까지 열대야 발생 일수를 비롯한 극한 기후 현상이 더욱 증가할 것으로 전망된다. 특히, 기후변화에 의해 폭염 일수는 현재(2000~2019)의 연간 8.8일에서 시나리오에 따라 21세기 중반기(2041~2060)에 22~31.6일, 21세기 후반기(2081~2100)에 24.2~79.5일로 증가할 것이다(김도현·김진욱·김태준·변영화·정주용, 2022). 기후변화 시나리오 RCP8.5에 따르면 서울시의 연간 폭염 일수는 현재(2000~2019)의 15일에서 21세기 중반기(2041~2060)에는 54.7일로 무려 39.7일이 증가할 것으로 예측된다(기상청, 2022).

그림 1-10. 과거 30년(1912~1940) 대비 최근 30년(1991~2020) 우리나라의 계절 길이 변화
출처: 국립기상과학원, 2021

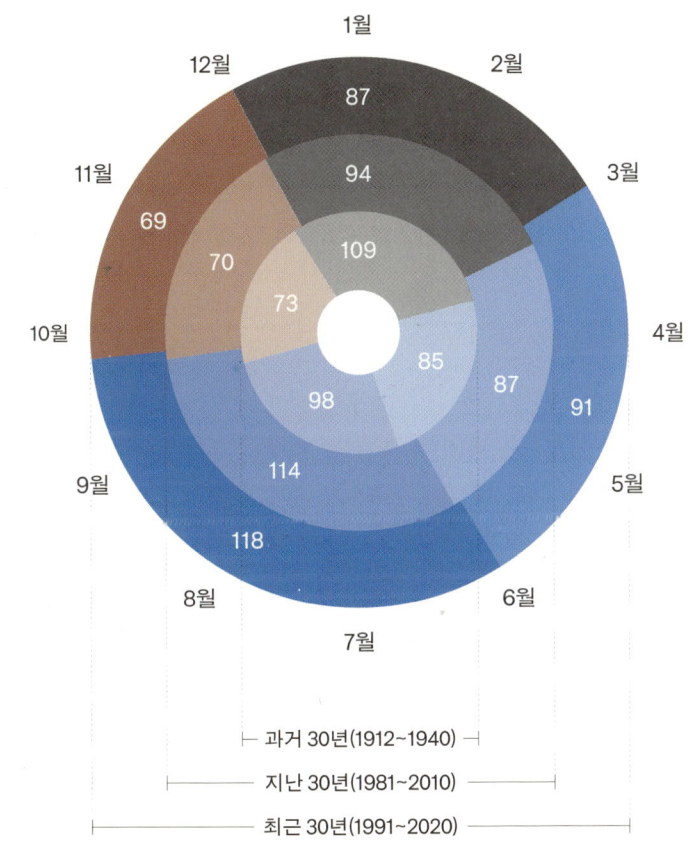

1장. 기후변화

그림 1-11. 기후변화 시나리오에 따른 21세기 한반도 열대야 발생 전망
단위: 연간 열대야 발생일
1981~2010년 모형 기후 값 대비 편차, 출처: 기상청, 2018

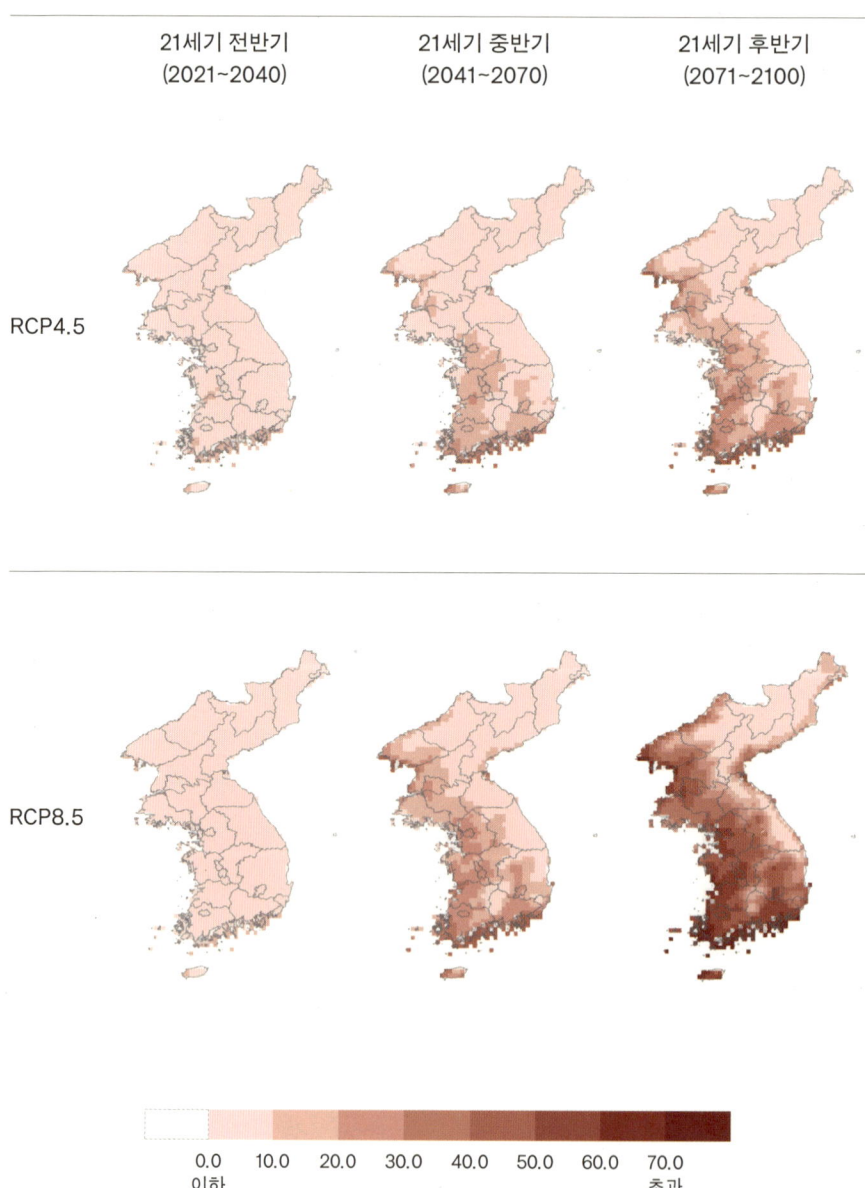

그림 1-12. 2020년 우리나라의 이상 기후 발생 분포도
출처: 관계부처 합동, 2021

강릉	[이상 고온] 6월 최고 기온 26.4℃ (북강릉, 최고 1위) 11.19 일 최고 기온 24.7℃(북강릉, 최고 1위) [호우] 9.7 일 강수량 206.5mm (북강릉, 최다 1위)
광주	[호우] 여름철 강수량 1,471.3mm(최다 1위)
대구	[이상 고온] 6월 최고 기온 30.5℃(최고 1위)
대전	[이상 고온] 1월 최고 기온 7.3℃(최고 1위)
부산	[이상 고온] 6월 최고 기온 26.6℃(최고 1위)
서울	[눈] 4.22 마지막 봄눈(늦은 순위 1위) [건조] 10월 강수량 0.0mm(최소 1위) [호우] 11.19 일 강수량 86.9mm(최다 1위)
순창	[이상 저온] 5.19 일 최고 기온 16.2℃ (최저 1위) [호우] 여름철 강수량 1,562.8mm(최다 1위) 8.8 일 강수량 361.3mm(최다 1위)
울진	[이상 고온] 6월 최고 기온 25.4℃(최고 1위) [호우] 7.24 일 강수량 178.4mm(최다 1위) 10.2 일 강수량 332.9mm(최다 1위)
인천	[눈] 1월 최심적설 없음(최소 1위)
제주	[이상 고온] 1.7 최고 기온 23.6℃(최고 1위) 2.15 일 최고 기온 20.1℃(고산, 최고 1위) 11.17 일 최고 기온 26.7℃(최고 1위)
춘천	[호우] 11.19 일 강수량 72.0mm(최다 1위)
충주	[이상고온] 1.7 일 최고 기온 13.8℃(최고 1위)
포항	[건조] 12월 강수량 0.0mm(최소 1위)

3. 전망: IPCC 시나리오에 따른 영향

기후변화 시나리오는 인간 활동에 따른 인위적인 원인에 의한 기후변화를 전망하기 위하여 미래의 온실가스 농도와 기후 시스템을 수치화한 기후변화 모형을 이용해 계산한 미래 기후(기온, 강도, 습도, 바람 등)에 대한 정보이다. 미래의 기후변화로 인한 영향을 평가하고 피해를 최소화하는 데 활용할 수 있는 선제적인 정보라고 할 수 있다(기상청, 2021b).

3.1. 대표 농도 경로 시나리오

대표 농도 경로 시나리오Representative concentration Pathways, RCPs는 인간 활동이 대기에 미치는 복사량으로 대기 중의 온실가스 농도를 예측한다. 대기 오염 물질과 토지이용 변화 등과 같은 요인을 바탕으로 2100년까지 대기 중 농도가 어떻게 변화할지를 나타내는 경로 시나리오이다.

> RCP2.6 인간 활동에 의한 영향을 지구 스스로가 회복할 수 있는 경우
> RCP4.5 온실가스 저감 정책이 상당히 실행되는 경우
> RCP6.0 온실가스 저감 정책이 어느 정도 실현되는 경우
> RCP8.5 현 추세로 온실가스 배출하는 경우

그림 1-13. 기후변화 시나리오 산출 과정
출처: 기상청, 2021b

(a) RCPs

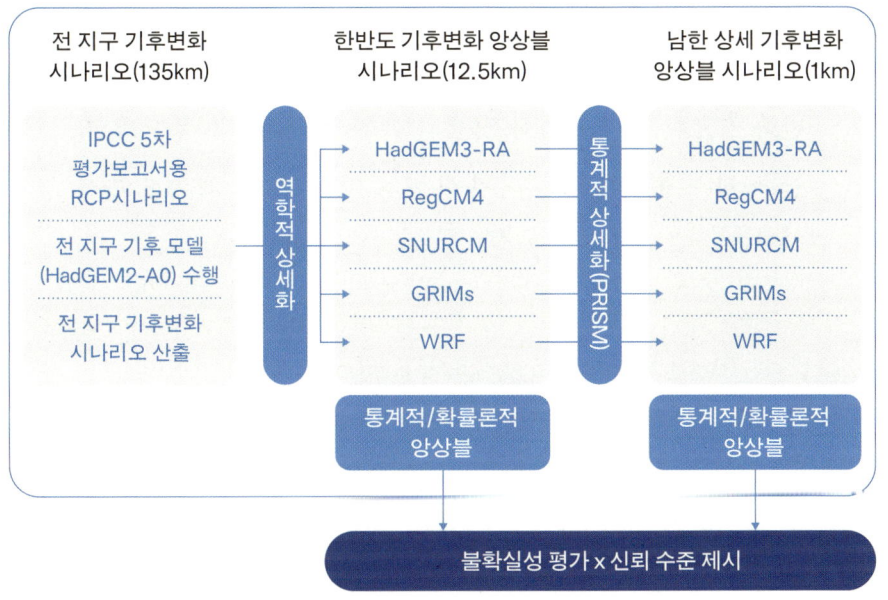

(b) SSPs

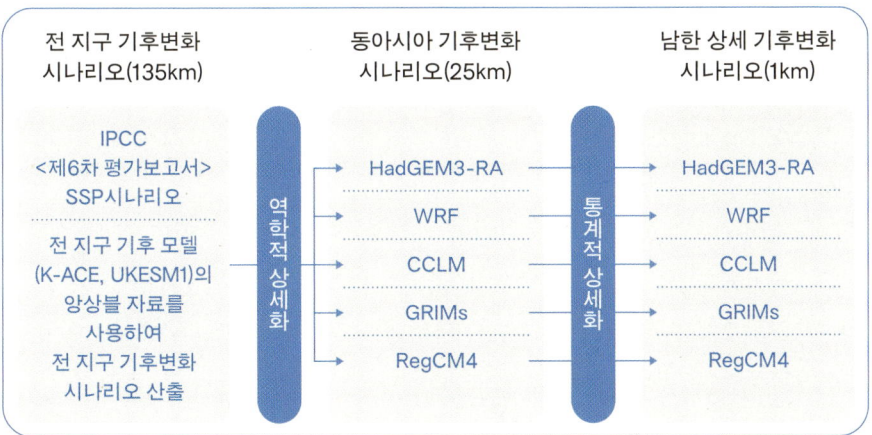

* 동아시아 시나리오 산출에 사용된 전 지구 기후 모델은 UKESM1임.

3.2. 공통 사회경제 경로

공통 사회경제 경로Shared Socioeconomic Pathways, SSPs는 온실가스 감축 수준 및 기후변화 적응 대책 수행 여부 등에 따라 미래의 사회경제 구조가 어떻게 달라질 것인가를 고려해 개발한 기후변화 경로이다. 기후변화 적응과 온실가스 감축 여부에 따라 인구, 경제, 토지이용, 에너지 사용 등 미래 사회경제 지표의 정량적인 변화 내용을 포함한 5개 그룹으로 구성된다.

SSP1-1.9 포용적 발전을 강조하고, 인구 구조를 전환하며, 인간 복지에 중점을 두고, 국가 내 불평등을 감소하는 방향으로 발전해 나가면서 경제의 자원·에너지 집약도를 대폭 낮춘다고 가정하는 경우

SSP1-2.6 재생 에너지 기술이 발달해 화석연료 사용을 최소화하고, 친환경적으로 지속가능한 경제 성장을 이룰 것으로 가정하는 경우

SSP2-4.5 기후변화 완화 및 사회경제 발전 정도가 중간 단계를 가정하는 경우

SSP3-7.0 기후변화 완화 정책에 소극적이며 기술 개발이 늦어 기후변화에 취약한 사회구조를 가정하는 경우

SSP5-8.5 산업 기술의 빠른 발전에 중심을 두어 화석연료 사용 비중이 높고 도시 위주의 무분별한 개발이 확대될 것으로 가정하는 경우

3.3. SSP-RCP 결합 시나리오

기존 지구의 복사강제력을 기준으로 한 RCP 온실가스 시나리오에 미래 인구 수, 토지이용 등 사회경제학적 요소까지 고려한 새로운 시나리오이다(IPCC, 2021). RCP8.5는 현재 추세대로 온실가스를 배출하는 경로이며, SSP5는 기존 화석연료를 계속 활용하면서 고속 성장하는 경로이다. 가장 부정적인 두 가지 시나리오를 결합하여 SSP5-8.5 시나리오가 완성된다(기상청, 2020).

SSP5-8.5 시나리오에서 한반도의 평균 기온은 현재(1995~2014) 대비 7.0℃ 상승하여 18.2℃로 예측되었다(기상청, 2020). 이는 심각한 기후위기를 초래할 수 있는 수치이다. 이는 기존 RCP8.5 시나리오보다 증가한 수치로, 매우 극심한 형태의 이상 기상 현상이 빈번하게 나타날 수 있는 수치이기도 하다. 특히, 폭염과 열대야를 개략적으로 확인할 수 있는 온난일과 온난야의 변화가 보다 두드러진다. SSP5-8.5 시나리오에서는 21세기 후반기에 현재 대비 온난일이 3.6배(129.9일), 온난야는 3.3배(121.3일)로 급격히 증가한다. 이는 1년에 4개월 이상, 상위 10%에 해당하는 고온을 보일 것을 의미한다.

연 강수량은 현재 대비 14% 증가할 것으로 예상되며, 현재 1,195mm인 연평균 강수량이 21세기 후반(2081~2100)에는 1,371mm까지 증가할 것으로 전망되었다. 극한 강수 측면에서

그림 1-14. SSP5-8.5 기준 우리나라 주변 해수 온도 변화
출처: 해양환경공단, n.d.

(a) 1900년 우리나라의 해수 온도

(b) SSP5-8.5 2100년 우리나라의 해수 온도

해수 온도(°C)

10　　　　15　　　　20　　　　25

는 변화가 보다 두드러진다. 산사태와 홍수 등을 유발하는 '5일 최대 강수량'의 경우 약 25% 정도 증가할 것으로 예측되었고, 상위 1% 및 상위 5%의 강수일수에서도 약 30%가 증가하는 것으로 나타났다. 총량 증가분에 비해 강도 높은 강수가 증가한 것은 건조 기간의 강수량이 감소한다는 것을 의미한다. 즉, 강우 강도와 건조 강도가 동시에 상당히 증가할 것으로 전망된 것이다.

2100년 우리나라 해수 온도는 동해 21.72℃, 남해 22.70℃, 서해 20.68℃로 예상되며 우리나라 해역의 평균 온도는 22.00℃로 예상된다(해양환경공단, n.d.). 이는 2020년 평균 해수온 대비 동해 4.52℃, 남해 5.04℃, 서해 5.36℃ 상승한 것이다. 전체 해역의 해수 온도는 4.93℃ 상승할 것으로 예상된다.

2장.
생태계 물질순환

기후변화와 생태계물질순환　Climate Change and Ecosystem Material Cycles

1. 6대 원소와 플라스틱

2. 현황: 물질 수지 중심

생태계 연구에서 물질순환을 이해하는 것은 매우 중요하다. 물질은 에너지와 생물과 무생물의 구성요소이다. 뿐만 아니라 생물의 활동, 무생물 환경의 각종 물리화학 반응, 생물과 무생물 환경의 상호작용 등을 이해하는 데에 에너지와 함께 필수적인 요소다. 방사능 물질과 핵 반응이 포함된 화학 반응과 같이 예외적인 경우를 제외하면, 물질은 형태만 바뀔 뿐 보존된다. 그러므로 물질의 생태계 내 순환을 이해하면 생태계가 어떻게 작용하고 변화하는지 파악하는 데 중요한 정보를 얻을 수 있다.

순환cycle에는 여러 의미를 담을 수 있다. 물질순환에서는 대기권atmosphere, 수권hydrosphere, 생물권biosphere(육지 생물권 및 해양 생물권 포함), 암석권lithosphere을 거치는 물질(원소 또는 화합물)의 흐름flows을 연구 대상으로 삼는다.

물질순환은 좁게는 물질의 흐름, 넓게는 물질의 저장소까지 파악해야 제대로 이해할 수 있다(IPCC, 2021). 기본적으로 물질순환은 흐름만을 가리키고, 흐름의 상대어로 저장소pools가 있다. 저장소는 특정 물질이 다양한 화학적 형태로 머무르는 곳을 가리킨다. '흐름'은 이 저장소들 사이에서 특정 물질이 이동하는 것이다. 물의 순환을 예로 들면 물의 저장소는 바다, 빙하, 호수, 지하수 등이다. 물의 흐름을 파악하려면 저장소 간 물의 분포와 이동량, 저장량의 변화를 살펴보아야 하듯 다른 물질의 순환을 파악할 때도 마찬가지로 저장소와 저장량, 분포와 이동 등을 종합적으로 살펴보아야 한다.

1. 6대 원소와 플라스틱

생태계는 다양한 종류species의 생물개체군populations이 모인 군집community과 그 군집을 둘러싼 물리·화학적 환경을 아울러 가리킨다(Begon & Townsend, 2021). 그래서 생태계는 생물과 무생물의 집합체라고 볼 수 있다. 생물과 무생물은 모두 물질로 구성된다. 물질이 없다면 생태계도 존재할 수 없다.

생태계에서 생물과 무생물 환경은 정적으로 고정되어 있지 않다. 끊임없이 움직이며, 서로 다른 생물 또는 무생물 환경과 상호작용하고 물리화학적 반응을 일으키면서 새로운 물질의 흐름과 에너지의 이동을 불러일으킨다. 그러므로 생태계를 연구하려면 물질에 대해 충분히 이해해야 한다. 생태계의 작용과 변화를 연구하려면 그 모든 현상에 수반되는 물질의 순환 연구가 반드시 바탕이 되어야 한다.

물질순환을 연구할 때 중요한 것은 어느 물질을 더 연구하느냐이다. 주기율표에는 118개의 원소가 있는데, 생태계를 이해하려면 상대적으로 더 중요한 물질부터 연구해야 한다.

탄소($_6C$)[1]는 모든 생물에서 공통적인 유기화합물을 구성하는 중요한 원소 중 하나이다. 모든 생물의 세포 분열과 생장에 필요한 질소($_7N$), 인($_{15}P$), 황($_{16}S$)도 생태계 연구에서 중요하다. 수소($_1H$), 탄소($_6C$), 질소($_7N$), 산소($_8O$), 인($_{15}P$), 황($_{16}S$), 이 6가지 원소는 모든 생체 조직의 주요 구성 성분이며 생물권

---

1 원소 기호의 앞에 쓰인 작은 숫자는 원소 번호를 뜻한다.

질량의 95%를 차지한다(Schlesinger & Bernhardt, 2020). 이 중에서 수소와 산소는 그 자체로도 중요하지만, 두 원소가 공유 결합해 물을 만든다는 점에서도 매우 중요하다. 물의 역사(44억 년)는 지구의 역사(45억 년)에 필적한다. 물은 모든 생명의 생성과 유지에 필수적이다. 그래서 탄소와 함께 생태계를 구성하는 중요한 물질로 손꼽힌다. 전설이나 신화에서도 불이나 공기 등의 혼합물과 더불어 화합물로서는 유일하게 만물 창조의 원천으로 여겨졌을 만큼 중요하다(Gleick, 2023).

자연계에는 생물과 무생물 환경이 어우러져 생태계를 이루는 데 필요한 주요 원소가 19가지 더 있다(그림 2-1). 25대 필수 원소를 모두 분석하면 좋겠지만, 더 깊이 연구되어 왔으며 모든 생물의 생존과 미래에 보다 많은 영향을 미치는 6가지 원소(탄소, 질소, 인, 황, 물[수소와 산소])에 집중하고자 한다.

인간의 활동이 자연에 미치는 영향이 점점 더 커지면서 기존에는 관심을 덜 받았던 물질도 이제는 생태계 연구에 매우 중요해졌다. 그래서 생태계를 이루는 기본 물질은 아니지만 생태계의 지속가능성에 점점 더 영향을 미치는 인간 활동의 부산물의 흐름도 정리했다. 바로 플라스틱이다. 플라스틱은 미세 플라스틱 또는 나노 플라스틱의 형태로 환경에 남아 인간을 비롯한 생물의 생존을 위협한다. 플라스틱은 탄소화합물이므로 탄소의 순환에 포함될 수도 있다. 하지만 워낙 생성량이 많고 자연 생태계에서 잘 분해되지 않으므로 화합물 상태의 순환을 이해할 필요가 있기 때문에 따로 분석했다.

그림 2-1. 생물의 생존과 유지에 필수적인 6대 원소를 포함한 25대 필수 원소
출처: da Silva & Williams, 2001; NIST, 2019

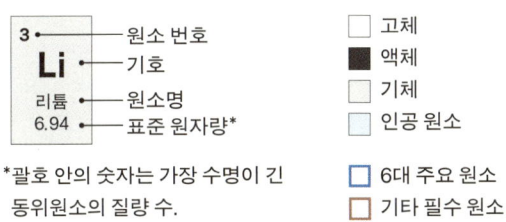

2. 현황: 물질 수지 중심

특정 물질의 저장소 규모와 함께 특정 기간(대개 1년)의 물질 흐름을 종합적으로 분석하여 표와 그림으로 제시하면 그 물질의 수지budget가 된다. 어떤 물질의 수지는 대개 어느 영역에서 그 물질이 순증가 혹은 순감소하는지 보여준다. 예를 들어, 어떤 기간의 탄소 수지에 대기권의 탄소가 순증가하는 것으로 나타났다면 대기 중 이산화탄소가 주로 유발하는 온실효과가 악화되고 있음을 추정할 수 있다.

2.1. 탄소

기후변화의 가장 큰 원인은 대기 중 탄소화합물(이산화탄소, 메탄 등)의 증가이다. 하지만, 탄소는 인간을 비롯한 지구상 모든 생물의 생존과 번식에 필수적인 원소이기도 하다. 식물과 같은 대부분의 생태계 생산자가 태양 복사에너지의 힘으로 이산화탄소와 물로 만들어내는 에너지원[4], 생체 조직은 모두 탄소가 뼈대를 이룬다. 그리고 탄소는 그 자체만으로도 원자의 다양한 조합에 따라 첨단 산업의 주요 소재로 떠오르는 그래핀, 탄소 나노 튜브 등을 이룰 수 있는 중요한 물질로 계속 연구 대상이 되고 있다.

---

4   아데노신 3인산, 즉 ATP(adenosine triphosphate), 에너지 저장 및 운반 물질(포도당) 등.

· **탄소 저장량**

IPCC의 추산(그림 2-2)에 따르면, 지구상에서 탄소가 가장 많이 존재하는 곳은 바다이다. 중층수와 심해저의 해수 중에는 약 37조2,750억 톤의 탄소가 녹아 있다. 대양저 퇴적층에는 1억 7,500만 톤, 대기와 물질 교환이 활발한 표층수에 9천억 톤, 용존 유기물에 7천억 톤의 탄소가 포함되어 있다. 그리고 해양 생물에는 약 30억 톤의 탄소가 있다.

육지에서는 토양이 1조7천억 톤, 영구 동토가 1조2천억 톤의 탄소를 저장한다. 육상 식물의 생물량은 탄소 4,500억 톤을 가두고 있다. 지하의 화석연료 중에서는 석탄이 5,800억 톤, 석유가 2,300억 톤, 천연가스가 1,180억 톤의 선사시대 탄소를 저장하고 있는 것으로 추정된다.

이에 비해 기후변화에 가장 큰 영향을 미치는 대기 중의 탄소 저장량은 상대적으로 작게 보일 수도 있다. IPCC는 산업화(1750년 기준) 이전의 대기에는 약 5,910억 톤의 탄소가 존재했다고 추정한다. 그런데 1750년 이래 땅속에 있던 화석연료를 꺼내 연소해서 4,450억 톤을, 토양과 식물을 사용하여 그 속에 포함됐던 탄소 250억 톤을 대기 중으로 배출했다. 이 중 일부는 바닷물에 용해되고 식물의 광합성으로 식물의 일부가 되기도 했다. 현재 대기 중에는 인간의 활동으로 배출한 탄소 중 2,790억 톤이 남아있다. 이를 산업화 이전의 탄소와 합하면 대기권에서 약 8,700억 톤의 탄소가 지구온난화를 가속하고 있다(표 2-1).

그림 2-2. 전 지구 탄소 순환(2010~2019년 평균)
단위: 십억 탄소톤/연(GtC yr^{-1})
출처: IPCC, 2021

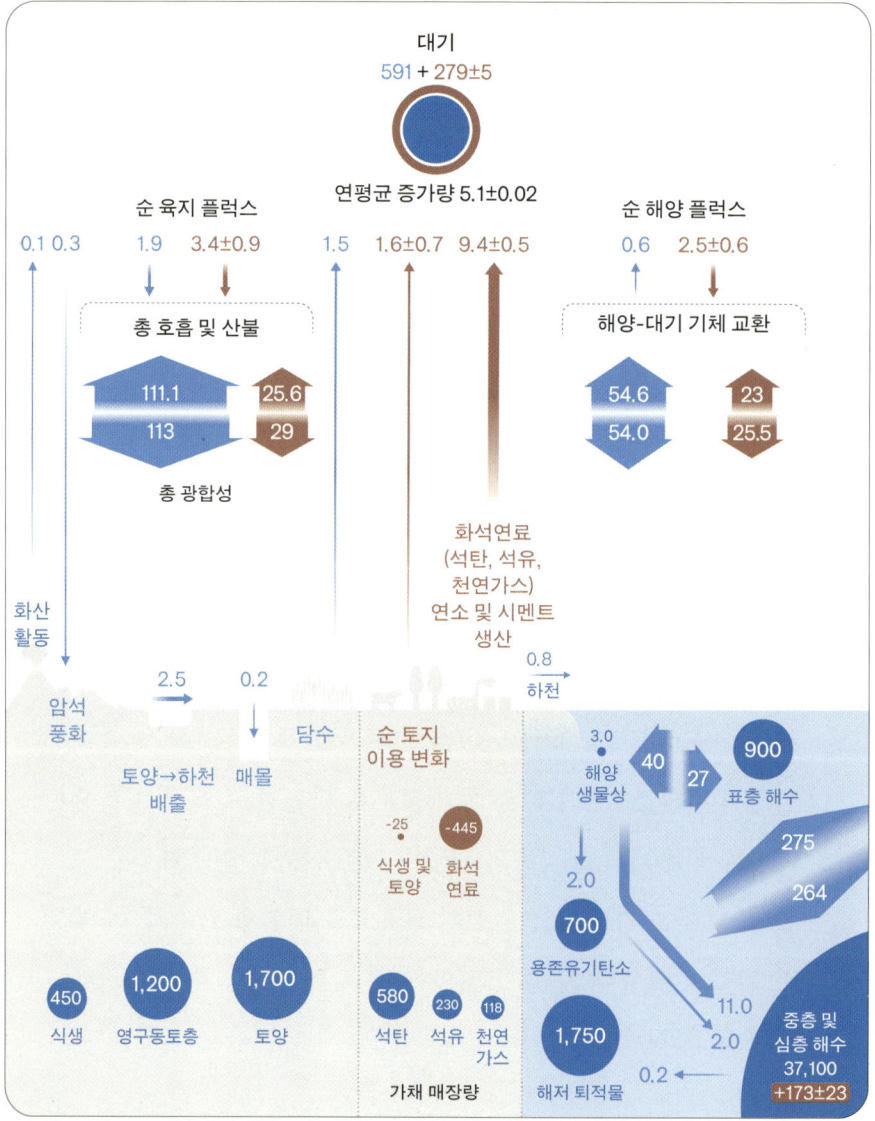

표 2-1. 지구상의 탄소 저장소 및 대기권 기준 흐름

출처: Bar-On, Phillips & Milo, 2018; Denning, 2022; Haskett, 2022; IPCC, 2021

저장소		저장량 (Gt C)	연간 플럭스(Gt C/yr)		
			대기에서 유출	대기로 유입	대기 순유입
대기		870			
육지	육지 소비자	20	-142.0	+136.7	-5.3
	육지 식생	450			
	육지 토양	1,700			
	영구 동토층	1,200			
해양	해양생물상*	5	-79.5	+77.6	-1.9
	표층해수	900			
	심층해수	37,275			
화석 연료	가채 매장량	930			+9.4
	자원량	10,000			
심지층 미생물		70			
퇴적암		300,000,000			
고체 지구		1,500,000,000			

* 해양 생물상은 약 6Gt C를 저장(5Gt의 배수로 근사값을 제시했을 뿐)하며, 그 중 1.3Gt C는 해양 독립영양생물(즉, 해초, 대형 조류, 초미세플랑크톤, 규조류, Phaeocystis[편모미세조류의 일종])에 저장됨.

1 Gt C = 10억 탄소톤 = 1 Pg C (= 10^{15} g C)
1 Gt C = 3.664 Gt CO_2 = 36억6400만 이산화탄소톤
탄소 저장량은 가장 가까운 5 Gt C 단위의 근삿값

· **탄소 분포**

자연 생태계에서 탄소는 생산자autotrophs의 광합성으로 고정되고, 모든 생물의 호흡plant respiration + heterotrophic respiration과 유기물의 분해로 대기 중으로 배출된다. 이 중 광합성은 생물이 탄소를 저장하는 기초 기작으로, 이를 반응식으로 표현하면 다음과 같다.

$$CO_2 + 2H_2O + photons \rightarrow [CH_2O] + O_2 + H_2O$$

최근 연구(Bar-On, Phillips & Milo, 2018)에 따르면, 지구상의 모든 생물에 포함된 탄소는 약 5,500억 톤이다. 이를 생태계 먹이사슬에서의 위치, 분류군 및 서식역에 따라 구분하면 표 2-2와 같다.

생물의 호흡과 분해는 대체로 광합성의 반대 방향 반응으로 이해할 수 있다. 이를 아주 단순하게 표현하면 표 2-3에 요약한 과정 중 하나를 거쳐서 이산화탄소를 대기 중으로 방출한다. 호흡을 통해서 에너지가 공급되고, 분해를 통해서 분해자에게 필요한 전자가 전달되는 것이다.

그런데 탄소 5,500억 톤이 살아있는 생물의 체내에 포함되어 있다는 것도 연구 당시의 추산일 뿐이다. 수치는 계속 변하는 중이며, 특히 기후 등의 환경이 변화함에 따라 전 세계에서 지역별 탄소의 증가와 감소 추세가 뚜렷이 구분된다(그림 2-3).

표 2-2. 다양한 서식 환경 및 영양 방식(trophic modes)에 걸친 전 지구 생물 내 탄소 분포
단위: 십억 탄소톤(GtC)
출처: Bar-On, Phillips & Milo, 2018

영양 방식	육지 분류군	생물량	해양 분류군	생물량	심지층 분류군	생물량
생산자	식물	450	해양 독립영양 생물	1.3		
			·해조	0.1		
			·대형조류(macroalgaea)	0.1		
			·초미세플랑크톤 (Picoplankton)	0.4		
			·규조류	0.3		
			·편모미세조류 (Phaeocystis)	0.3		
소비자	토양 균류	12	해양 균류	0.3		
	토양 세균 (bacteria)	7	해양 세균 (bacteria)	1.3	육지 심지층 세균	60
					해양 심지층 세균	7
	육지 원생생물 (protists)	1.6	해양 원생생물(protists)	2		
			·종속영양 원생생물	1.1		
	토양 고세균 (archaea)	0.5	해양 고세균 (archaea)	0.3	육지 심지층 세균	4
					해양 심지층 세균	3
	육지 절지동물	0.2	해양 절지동물	1		
	육지 선형동물	0.006	해양 선형동물	0.01		
	환형동물	0.2				
			해양 연체동물	0.2		
			자포동물	0.1		
	가축	0.1	어류	0.7		
	인간	0.06				
	야생 포유류	0.007	해양 포유류	0.004		
	야생 조류	0.002				
	합계	470	합계	6	합계	70

표 2-3. 유기물의 무기물화 반응

출처: Burdige, 2011

과정	화학 반응	자유에너지 변화 ($\Delta G°$; kJ mol C^{-1})
호기성 호흡 (aerobic respiration)	$[CH_2O] + 6O_2 \rightarrow H_2O + CO_2 + energy$	-471 (when $[CH_2O]$ is $2C_6H_{12}O_6$)
유기물 탈질화 (organotropic denitrification)	$5C_6H_{12}O_6 + 24NO_3^- \rightarrow 12N_2 + 24HCO_3 + 6CO_2 + 18H_2O$	-444
유기물 망가니즈 환원 (organotrophic manganese reduction)	$C_6H_{12}O_6 + 18CO_2 + 6H_2O + 12\delta\text{-}MnO_2 \rightarrow 12Mn^{2+} + 24HCO_3^-$	-397
유기물 철 환원 (organotrophic iron reduction)	$C_6H_{12}O_6 + 42CO_2 + 24Fe(OH)_3 \rightarrow 24Fe^{2+} + 48HCO_3^- + 18H_2O$	-131
황산염 환원 (sulfate reduction)	$2C_6H_{12}O_6 + 6SO_4^{2-} \rightarrow 6H_2S + 12HCO_3^-$	-76
메탄 생성 (methanogenesis)	$2C_6H_{12}O_6 \rightarrow 6CH_4 + 6CO_2$	-49

그림 2-3. 전 지구 육지에 살아있는 식생 생물량 탄소의 장기(2000~2019) 추이
출처: Xu et al., 2021

(a)

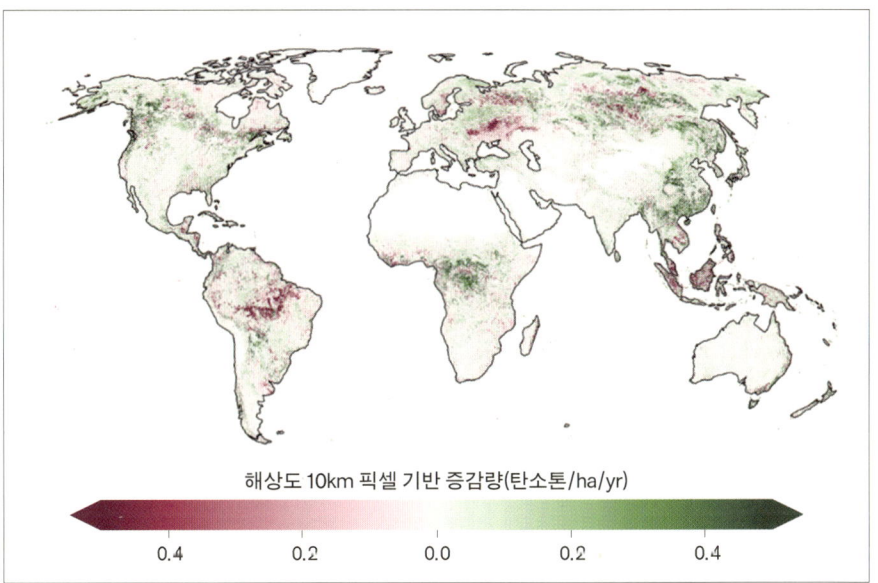

(b)

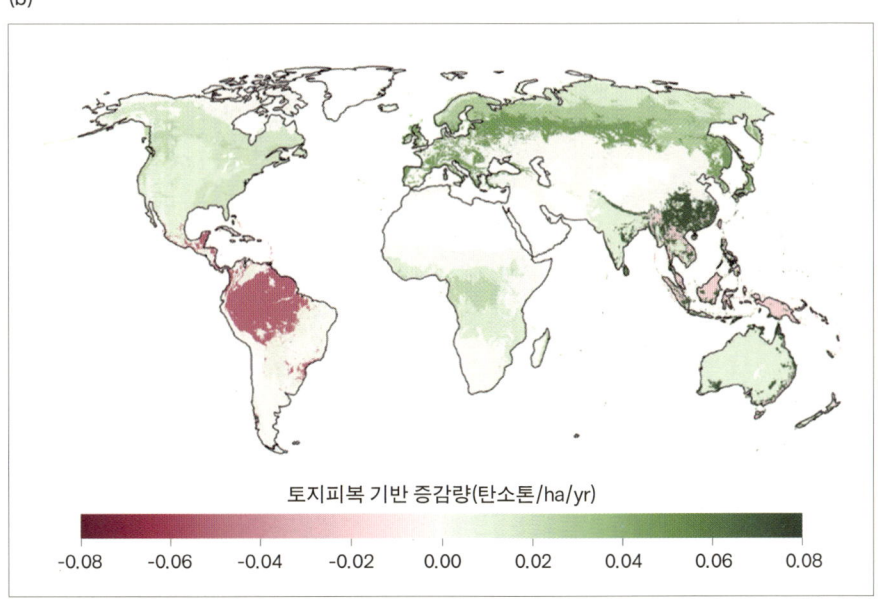

· **탄소의 이동**

대기 중의 탄소는 바닷물 속으로 이동하기도 한다. 대개 이산화탄소가 해수에 용해되면서 용존무기탄소dissolved inorganic carbon, DIC로 저장되는 과정에서 이동한다. 반대로 바닷물에 용해되어 있던 무기탄소가 대기 중으로 배출되기도 한다. 바닷물 속의 무기탄소는 3가지 형태, 즉 유리이산화탄소(free CO_2, 기체), 중탄산염(HCO_3^-), 탄산염(CO_3^{2-})으로 존재한다. 용존무기탄소는 생물의 활동으로 유기물로 바뀌기도 하고, 유기탄소 중 일부는 분해되지 않은 상태로 대양저로 가라앉아서 퇴적층에 저장되기도 한다(그림 2-4).

그림 2-4. 해양의 이산화탄소 흡수 기작
출처: Gruber et al., 2023

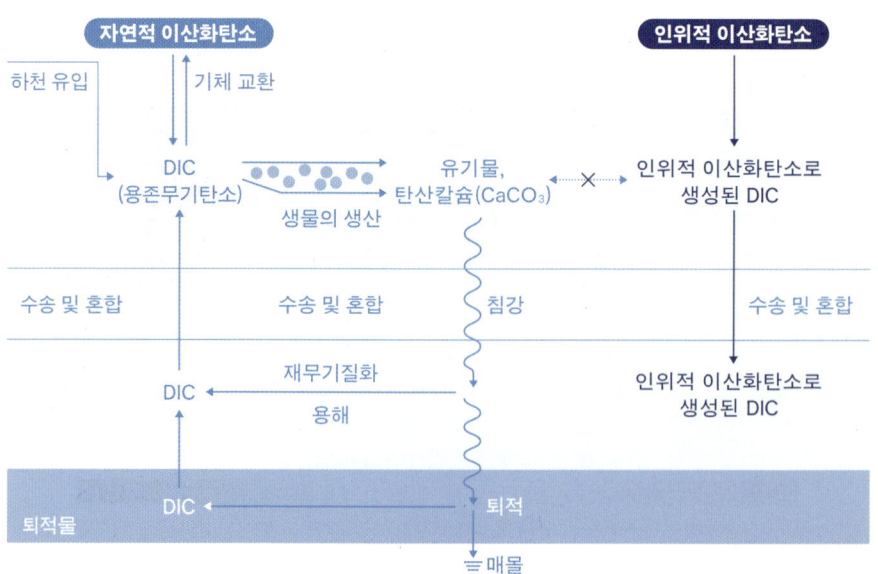

대기 중의 이산화탄소가 계속 증가하면서 대기에서 바다로 용해되는 탄소도 증가 추세이다(표 2-4). 지구온난화로 해수 온도가 상승하면서 대기로 배출되는 탄소도 증가할 것으로 예상되지만, 대기에서 해수로 유입되는 탄소가 더 많다. 실제로 2010~2019년 기준 연평균 7,760억 톤의 탄소가 해수에서 대기로 배출되었는데, 바닷물이 흡수한 탄소의 양은 연평균 7,950억 톤이었다.

표 2-4. 1990~2019년 해양의 이산화탄소 흡수
단위: 십억 탄소톤/연(GtC yr^{-1})
출처: Gruber et al., 2023

방법	구성 요소	1990~1999	2000~2009	2010~2019
대기 중 이산화탄소				
대기 중 이산화탄소 농도 변화(ppm)		15.0	18.7	23.6
해양의 이산화탄소 흡수				
인위적으로 배출된 이산화탄소의 해양 내부에 누적량	$F_{ant}^{ss} + F_{ant}^{ns}$	-2.1 ± 0.2	-2.6 ± 0.3	-3.3 ± 0.3
해양 역모델링(그린 함수 [Green's function])	F_{ant}^{ss}	-2.0 ± 0.6	-2.3 ± 0.6	자료 없음
해양 역모델링 (수반[adjoint] 방법)	F_{ant}^{ss}	-2.2 ± 0.1	-2.5 ± 0.1	-2.9 ± 0.2
해양 역모델링 (수반[adjoint] 방법)	$F_{ant}^{ss} + F_{ant}^{ns}$	-2.0 ± 0.1	-2.3 ± 0.1	-2.7 ± 0.2
해양 선행모형 (ocean forward models)	$F_{ant}^{ss} + F_{ant}^{ns} + F_{nat}^{ns}$	-2.0 ± 0.2	-2.1 ± 0.3	-2.5 ± 0.3
표층 이산화탄소 분압 (surface pCO$_2$ products)	$F_{ant}^{ss} + F_{ant}^{ns} + F_{nat}^{ns}$	-2.1 ± 0.4	-2.3 ± 0.2	-3.1 ± 0.2

F_{ant}^{ns} = 인위적 CO$_2$의 비정상상태 흡수 요소(해양순환 및 기타 물리적 동인의 변화로 발생)
F_{ant}^{ss} = 인위적 CO$_2$의 정상상태 흡수 플럭스 요소(대기 CO$_2$의 증가에 의해서만 구동되는 부분)
F_{nat}^{ns} = 자연적 CO$_2$의 비정상상태 교환 요소(해양순환 및 기타 물리적 동인의 변화로 발생)
pCO$_2$ = 이산화탄소 분압

육지에서 해양으로의 탄소 이동은 하천의 흐름을 따른다. 앞서 그림 2-2에 표시된 하천을 통한 탄소의 연간 바다 유입량 8억 톤은 유기탄소 4억 3천만 톤, 무기탄소 3억 8천만 톤으로 구분된다(그림 2-5). 고위도보다는 열대와 온대 지역의 하천이 더 많은 탄소를 해양으로 운반하는 것도 확인할 수 있다.

그림 2-5. 하천을 통한 '육지 → 대기 및 연안 해양'의 탄소 흐름
출처: Battin et al., 2023

(a) 하천과 육지-해양-대기 사이의 유기탄소 및 무기탄소 유입·유출량
플럭스 단위: 십억 탄소톤(PgC)/연

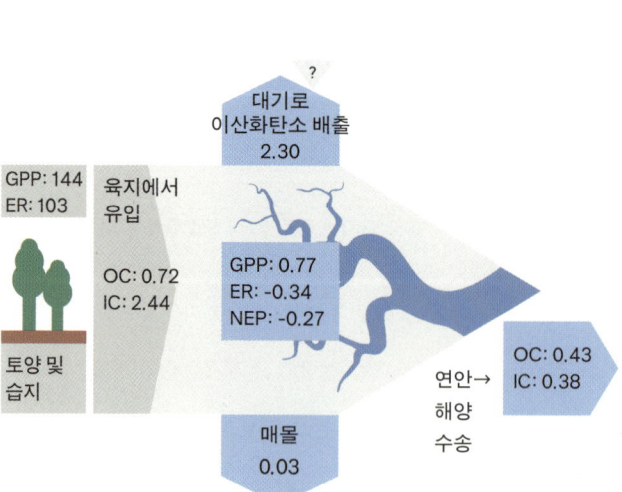

(b) 위도 별로 분해한 탄소 플럭스

열대
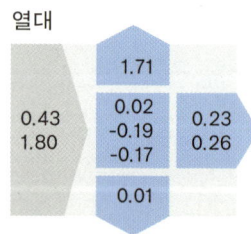

온대
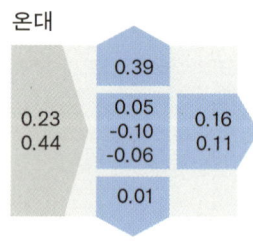

고위도
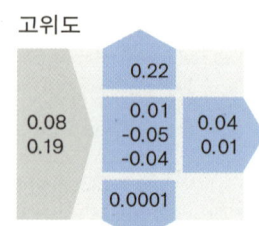

OC(organic carbon): 유기탄소
IC(inorganic carbon): 무기탄소
GPP(gross primary production): 총 일차 생산
ER(ecosystem respiration): 생태계 호흡
NEP(net ecosystem production): 순 생태계 생산

그러나 바다의 탄소 저장 속도는 대기 중 이산화탄소 증가량을 따르지 못한다. 특히 앞으로 이산화탄소 배출량이 더 증가할 것으로 예상하는 시나리오일수록 바다 및 육지 흡수원의 탄소 저장량 비율이 감소할 가능성이 크다. 즉, 대기 중의 이산화탄소 농도는 지구상의 모든 흡수원을 다 합쳐도 감당할 수 없는 수준으로 상승할 수 있다(그림 2-6).

그림 2-6. 공통 사회경제 경로 기준, 2100년까지 육지와 해양 흡수원이 흡수하는 누적 인위적 이산화탄소 배출량
출처: IPCC, 2021, p.20

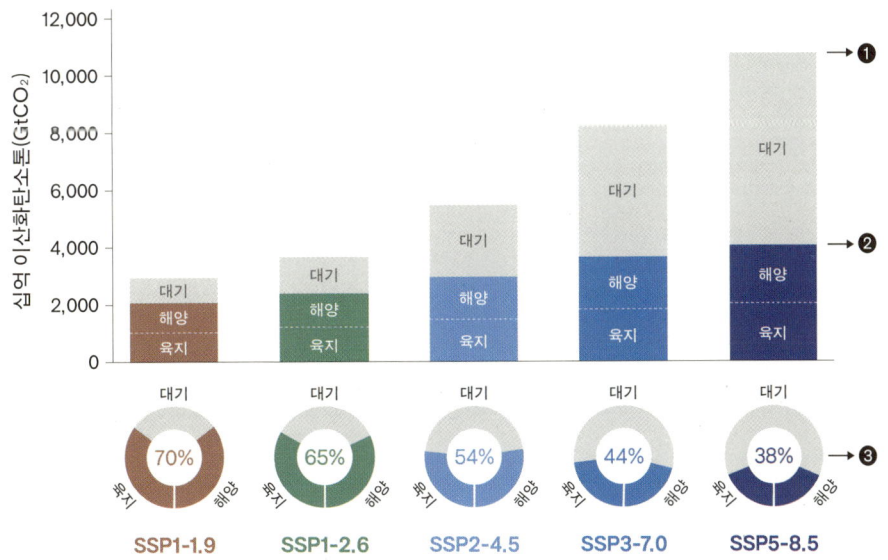

❶ 누적 이산화탄소 배출량이 더 많은 시나리오는,
❷ 육지와 해양의 탄소 흡수원이 절대적으로는 이산화탄소를 더 많이 흡수하지만, (대기 중 이산화탄소 증가 속도가 흡수 속도를 압도하기 때문에) 대기 중에 남아 있는 CO_2의 양도 더 많음
❸ 결과적으로, 이산화탄소 배출량이 많을수록 인위적 이산화탄소 배출에 대한 육지/해양의 흡수율은 낮아짐(즉, 대기 중 이산화탄소 농도는 더욱 높아지게 됨)

2.2. 물

· 물 저장소와 저장량

지구상의 물은 총량이 어느 정도 일정하게 유지된다. 최근의 연구 결과를 종합하면, 지구상의 물은 약 1조3,800억km³이며 주요 저장소에서 액체, 고체, 기체의 상태로 나뉘어 존재한다. 그중 96.7%는 바닷물이며, 1.9%는 얼음이다. 지하수도 염수 또는 재생되지 않는 물이 1.6% 정도여서, 생물이 사용할 수 있는 담수는 전 지구 물 저장량의 0.1%가 채 되지 않는다(표 2-5).

저장소별 물의 저장량 비율은 어느 정도 일정하다고 볼 수 있으나, 물은 상태가 끊임없이 변하면서 저장소 사이를 이동한다. 지구상 물의 이동은 해수의 증발이 연간 약 47만km³로서 가장 규모가 크다. 해상 강수량은 이보다 적은 42만4천km³이다. 해수 증발량과 해상 강수량의 차이인 4만6천km³는 매년 육지에서 강을 통해 바다로 흘러들어서 균형을 이룬다. 육지에서는 강물 외에 지하수의 바다 유입량이 연간 4,500km³ 정도로 추정된다. 빙하의 융해 등으로 일부가 보충되며, 매년 바다로 흘러가는 순 유출량은 약 8백km³ 정도다.

표 2-5. 전 지구에 분포하는 물의 저장량

출처: IPCC, 2021; McCartney et al., 2022

저장소			부피(천 km³)		비율
염수		해양	1,335,000.	±1%	96.7391%
		염호	54.	±90%	0.0039%
		염지하수 또는 화석수(비재생 지하수)	22,000.	±80%	1.5942%
담수	사용 불가능	빙권(빙모, 빙하, 만년설) 소계	26,000.	±10%	1.8841%
		남극 빙상(氷床)	89.8%		
		그린란드 빙상(氷床)	9.7%		
		고산 지역 빙하	0.5%		
	사용 가능	담지하수 및 현생지하수 (young groundwater, 재생가능)	630.	±70%	0.0457%
		담수호	220.	±20%	0.0159%
		영구동토층	210.	±100%	0.0152%
		토양 수분	54.	±100%	0.0039%
		습지	14.	±100%	0.0010%
		대기	13.	±100%	0.0009%
		인공 저수지	11.	±100%	0.0008%
		계절성 적설	3.	±100%	0.0002%
		하천	2.	±100%	0.0001%
		생체 내 물(biological water)	1.	±100%	0.0001%
		논	0.334		0.0000%
지구상의 물 총량			1,380,000.		

그림 2-7. 전 지구의 물 순환

단위: 10^3 km^3 yr^{-1}, 화살표의 폭은 각 이동량의 상대적 크기 차이에 따라 조정되었음
출처: IPCC, 2021; IPCC, 2022a; McCartney et al., 2022; Scanlon et al., 2023

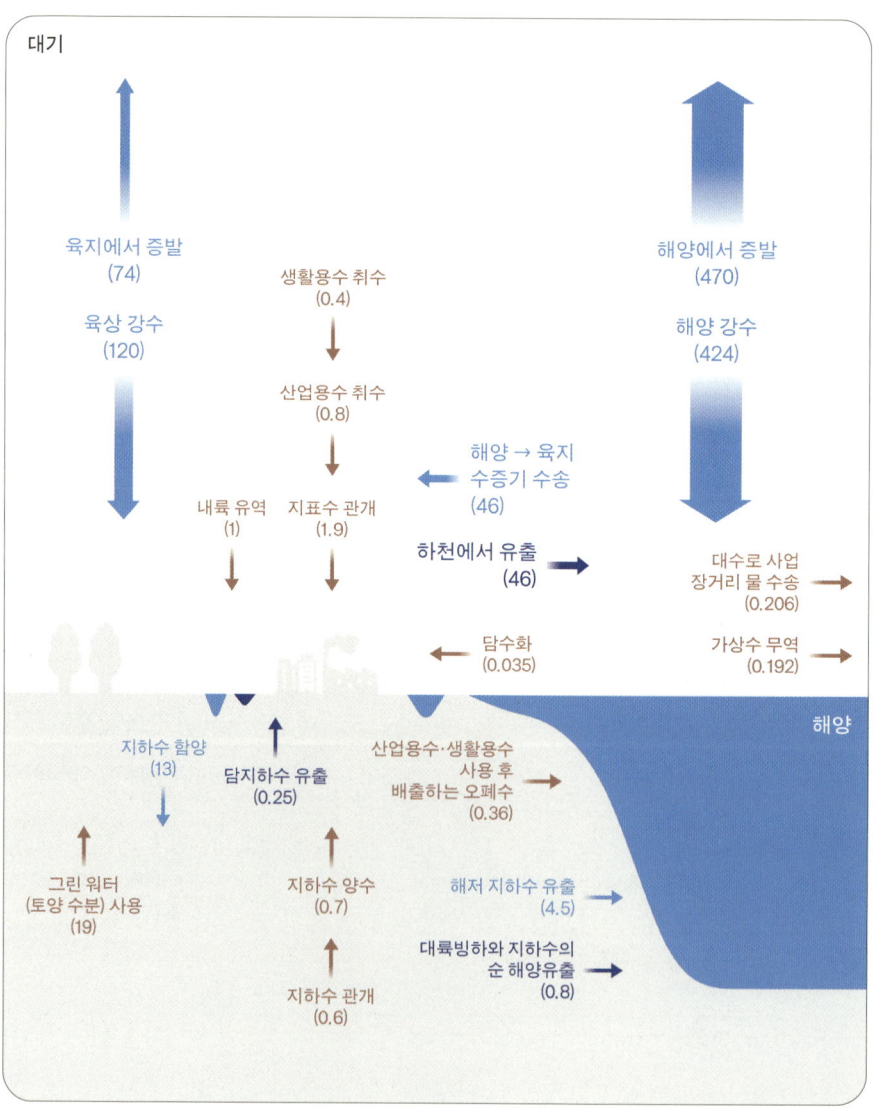

· **인간의 사용을 통한 물 흐름**

전 세계 인구는 매년 2만4천km³ 정도의 담수를 사용한다. 그중 가장 큰 비율을 차지하는 것은 그린 워터라고 부르기도 하는 토양 수분으로, 1만9천km³ 정도를 사용한다. 블루 워터에는 지표수 관개(1,900km³), 지표수 취수(산업용수 800km³, 생활용수 400km³), 지하수 관개(600km³), 지하수 양수(연간 700km³) 등이 포함된다. 산업용수와 생활용수는 사용 후에 연간 약 360km³의 오폐수를 배출한다.

· **새로운 인위적 물 흐름**

절대량은 많지 않지만, 최근 관심을 받는 물 흐름이 몇 가지 있다. 대수로 사업을 통해 장거리로 수송하는 물이 연간 205km³ 정도로 추정되며, 무역으로 거래되는 각종 물자에 포함된 가상수virtual water도 약 192km³에 이른다. 바닷물을 담수로 만들어 육지에 공급하는 물의 양은 35km³ 정도다.

· **기후변화에 따른 저장소별 저장량 변화**

전 지구의 물순환을 이해하기 위해 우선 알아야 할 열역학의 기본 원리 중 하나가 클라우지우스-클라페이롱 관계식Clausius-Clapeyron [CC] expression이다. 포화증기압saturation vapor pressure에 관한 이 관계식은 다음과 같다.

$$\frac{d \ln e_s}{dT} = \frac{L}{RT^2} \equiv \alpha(T)$$

표 2-6. 전 지구 물의 흐름

출처: IPCC, 2021; IPCC, 2022a; McCartney et al., 2022; Scanlon et al., 2023

흐름		이동량(10^3 km³ yr⁻¹)	
물의 이동	해양에서의 증발	470.	±10%
	해상 강수	424.	±10%
	육상 강수	120.	±10%
	육지에서의 증발	74.	±10%
	해양 → 육지 수증기 수송	46.	±10%
	하천에서의 유출	46.	±10%
	지하수 함양(groundwater recharge)	13.	±60%
	해저 지하수 유출	4.5	±70%
	내륙 유역	1.	±30%
	대륙빙하와 지하수의 순 해양유출	0.8	±15%
	담지하수 유출	0.25	±90%
인간의 물 이용	소계	24.	±10%
	그린 워터(토양 수분) 사용	19.	±20%
	지표수 관개	1.9	±6%
	산업용수 취수	0.8	±11%
	지하수 양수	0.7	±17%
	지하수 관개	0.6	±17%
	생활용수 취수	0.4	±12%
	산업용수·생활용수 사용 후 배출하는 오폐수	0.36	
	대수로 사업 장거리 물 수송	0.205	
	가상수 무역	0.192	
	담수화	0.035	

여기서 L은 증발잠열latent heat of vaporization, R은 수증기의 기체상수, T는 기온(단위: K)이다. T가 하부 대류권lower troposphere의 일반적 기온 범위에 있을 때, $a \approx 0.07 \text{K}^{-1}$을 만족한다. 즉, 기온이 1K 상승할 때마다 대기가 포함할 수 있는 최대 수증기량은 약 7% 증가한다(Held & Soden, 2006). 그런데 수증기량이 증가하려면 기온 상승에 따른 포화증기압 상승에 맞추어서 수증기 공급 증가도 함께 일어나야 한다. IPCC의 〈제6차 평가 보고서〉에서 종합한 관측 기록에 의하면 실제로 공급량이 증가하고 있다. 전 세계에서 매년 평균 0.54~1.5mm에 달하는 전 지구 증발산량evapotranspiration 증가에 따른 수증기 공급량 증가는 표 2-7에서 확인할 수 있다.

표 2-7. 1981~1982년 대비 2009~2013년의 전 지구 증발산량 변화
출처: IPCC, 2022a, p.568

경향(mm yr^{-2})	기간	자료 출처
+0.54	1981~2012	관측값
+1.18	1982~2010	관측값
+0.93 ± 0.31	1982~2010	지표면 모형(LSMs)
+0.88	1982~2013	원격탐사 자료
+1.5	1982~2009	원격탐사 및 표면 관측값

그림 2-8. 전 지구 총 연직수증기량(TCWV)의 기준 기간(1988~2008년) 대비 편차 변화
출처: IPCC, 2021, p.331

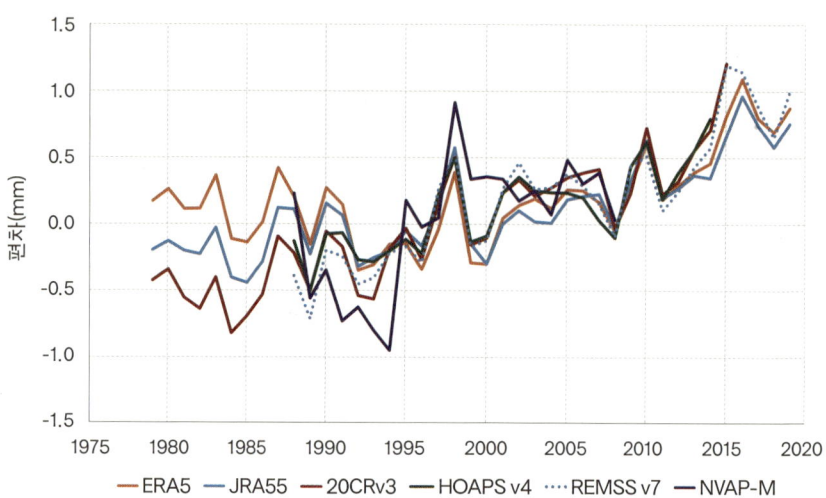

그래서 IPCC는 클라우지우스-클라페이롱 관계식에 따라서 지구온난화 1K에 대해 대기권 전체에 포함된 수증기의 총량을 가강수량[5]으로 표현한 총 연직수증기량Total Column Water Vapour, TCWV이 약 7% 증가할 수 있다고 설명한다. 전 지구의 평균 기온이 1K 상승한 만큼의 총 연직수증기량을 측정한 자료는 찾기 힘들지만, 최근의 전 지구 평균 온도 상승에 따라 증가하는 총 연직수증기량은 IPCC의 〈제6차 평가 보고서〉에서 쉽게 확인할 수 있다(그림 2-8).

지구온난화가 심화될수록 총 연직수증기량은 점점 더 증가할 것이다. 현재 1만3천km³ 정도로 추산되는 대기 중의 물

---

5 가강수량(可降水量): 단위 면적을 밑면으로 하는 연직 공기 기둥 안의 포함된 수증기가 모두 응결한다고 가정했을 때의 응결된 물의 총량. mm 단위를 사용한다.

저장량(표 2-5 참고)이 더 증가할 것으로 예상된다. 단, 실제 강수량은 클라우지우스-클라페이롱 관계식에서 나타난 포화증기압의 최대 증가량보다 적어서, 전 지구 평균 온도가 1℃ 상승할 때마다 1~3% 증가한다(IPCC, 2021, p.1066). 그런데 대기 중에 수증기가 증가하면 응결 시 집중호우 등이 발생하기 쉽다. 이러한 변화는 특히 고산지에서 심화될 것으로 예상된다. Ombadi 등(2023)은 북반구에서 강수량 중 강우량보다는 적설량이 많은 해발 3천m 이상의 고산지의 지구온난화 수준별로 강수량 변화를 연구했다. 그 결과, 극한 일 강수량extreme daily rainfall은 전 지구 평균 기온이 1K 상승할 때마다 15% 증가하는 것으로 분석됐다.

기후변화에 따른 물 저장소별 저장량 변화는 대기권 외에서도 민물 저장소에서 점점 더 뚜렷해질 것으로 예상된다. 최근의 연구에 따르면 기온 및 수온의 상승에 따라 남극 및 그린란드의 빙상과 고산지의 빙하가 급격히 감소하고 있어서, 육상 빙하의 감소 속도는 연평균 418km^3 수준에 이르는 것으로 추정된다. 증발량이 늘어남에 따라 육지의 자연 호수도 저수량이 매년 41km^3, 토양 수분은 연간 11km^3 감소하는 것으로 평가됐다. 특히 습지에는 각종 개발사업과 증발량 증가가 동시에 악영향을 미쳐서 매년 80km^3 저수량이 감소하고 있다. 인공 저수지들과 볏논의 증가로 저수량이 늘어나기도 하지만, 전체적인 감소를 상쇄하진 못한다. 그래서 순 감소량은 연간 553km^{3}에 이르는 것으로 추정된다.

표 2-8. 1971~2020년 사이 주요 담수 저장소의 저장량 변화

단위: $km^3\ yr^{-1}$

출처: McCartney et al., 2022

물 저장소	저장량의 연평균 변화
남극 빙상(氷床)	-131
그린란드 빙상(氷床)	-110
고산 지역 빙하	-177
지하수	-144
호수	-41
토양 수분	-11
대형 댐 저수지	118
소형 댐 저수지	19
습지(이탄습지[peatlands], 저습지[marshes], 소택지[swamps] 등)	-80
논	3
변화량 합계	-553

2.3. 질소

질소는 살아있는 모든 세포에 들어있다. 광합성을 일으키는 엽록소에도, 유전 정보를 저장하고 전달하는 DNA와 RNA에도, 생물의 세포가 성장하고 유지되는 데 필수적인 단백질을 만드는 아미노산에도 들어있다(Smil, 2022).

· 질소 저장소와 저장량

전 지구적 관점에서 질소의 저장량을 비교하면, 질소의 약 65.6%는 대기 중에 기체의 형태로 존재하며 지각과 바다의 퇴적물에 34.4%가 저장돼 있다. 나머지 저장소의 질소를 모두 합해도 0.1%가 되지 않는다. 하지만 해양(약 0.01%), 토양 및 연안 퇴적물(0.002%), 생물권(0.0003%)의 질소는 생물의 생존에 필수불가결하다.

대기의 80%를 차지할 만큼 풍부한 질소 분자(N_2)는 2개의 질소 원자가 삼중결합($N \equiv N$, 3중 공유 결합)으로 연결되어 매우 안정적이다. 그래서 농업에서는 질소 분자를 식물이 사용할 수 있도록 암모니아(NH_3)로 변환하는 방법으로 생물 질소 고정biological nitrogen fixation을 하는 식물을 활용해 왔다. 콩과와 자작나무과의 초본 및 목본, 생이가래과 물개구리밥속 *Azolla sp.* 수생양치식물 등이 질소를 고정하는 박테리아와 공생관계를 이루며 인류와 다른 동식물에게 질소를 공급해 왔다.

그런데 전 세계적으로 인구가 급증하며 인류는 자연적인

그림 2-9. 전 지구 질소 저장량

단위: 백만 질소톤(million tonne N)
출처: Capone et al., 2008

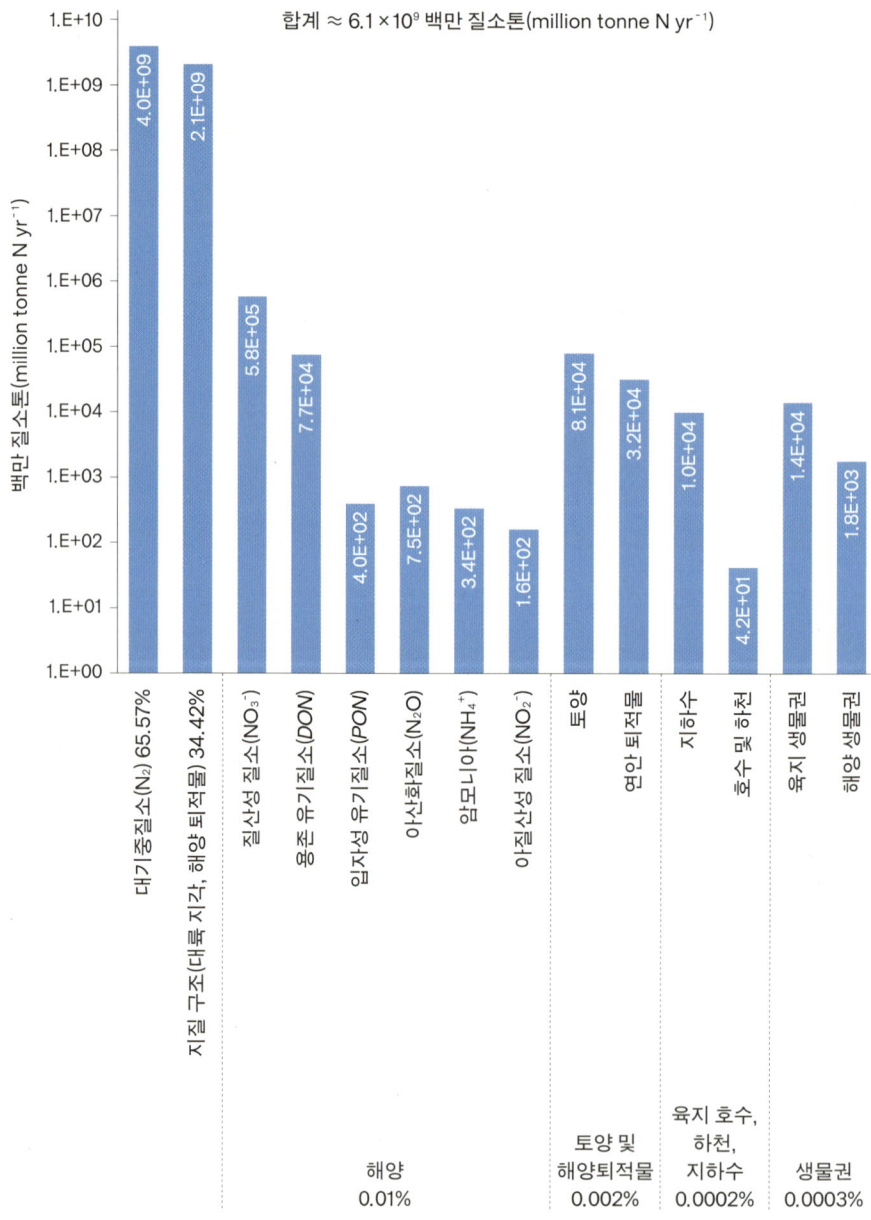

**그림 2-10. 자연 상태의 생물학적 질소 고정의 예:
남세균(cyanobacteria)의 질소 고정 효소에서 대기 중 질소를 암모니아로 변환**
출처: Issa, Abd-Alla & Ohyama, 2014

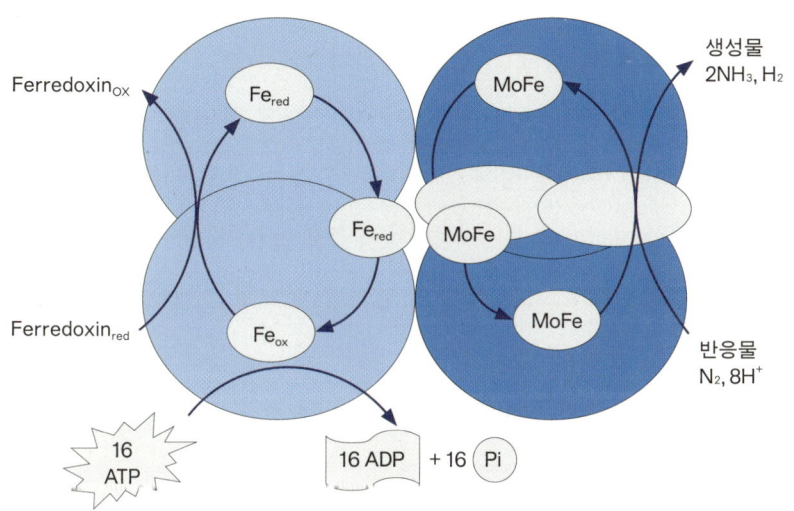

ADP: 아데노신 2인산
ATP: 아데노신 3인산
Pi: 무기 인산
Fe_{ox}: 철 단백질
Fe_{red}: 철 단백질
MoFe: 몰리브데넘-철 단백질
$Ferredoxin_{ox}$: 페레독신(철-황 단백질) 산화
$Ferredoxin_{red}$: 페레독신(철-황 단백질) 환원

* 질소 고정 효소는 4개의 단백질 분자로 구성
 (철 단백질 2개 + 몰리브데넘-철 단백질 2개)

그림 2-9 세로축 지수 표현 설명:
E+00 = 10^0
E+01 = 10^1
⋮
E+10 = 10^{10}
E+11 = 10^{11}
예) 1.E+10 = 1E+10 = 1×10^{10}
    8.1E+04 = 8.1×10^4

질소 고정에만 의존하지 않았다. 1913년 독일의 두 화학자 하버Fritz Haber와 보쉬Carl Bosch가 대기 중의 질소를 화학 공정으로 변환하여 암모니아를 대량 생산하기 시작했다. 하버-보쉬 공정Haber-Bosch process은 촉매의 도움을 받아 질소와 수소가 반응하게 하는데 이 반응에는 상당한 에너지가 필요하다. 지금도 전 세계 에너지 생산량의 약 2%가 이 공정에 투입된다(Kaku, 2023). 그리고 현재 공정에 들어가는 수소는 대부분 화석연료의 탄화수소hydrocarbon를 분해하여 제조한다. 식량을 충분히 생산하기 위해 널리 쓰이는 화학 공정이 한편으로는 막대한 에너지를 값싸게 공급하는 연료이자, 화학 반응에 필요한 수소의 간편한 원료인 화석연료에 대한 끊임없는 수요 증가를 불러일으키는 원인 중 하나인 셈이다. 하버-보쉬 공정Haber-Bosch process의 핵심 화학 반응은 다음과 같다.

$$N_2 + 3H_2 \rightarrow 2NH_3$$

고정 방식이 생물을 이용했느냐 또는 화석연료와 수소를 사용했느냐에 관계없이 인류의 질소 고정량은 꾸준히 증가했고, 이에 따라 자연 생태계에는 활성 질소도 급증했다. 활성 질소는 대기 중의 기체 질소와는 달리 다양한 화학 반응에 쉽사리 참여하며 각종 환경 문제를 일으키는 주범이다.

표 2-9. 대기와 해양의 활성 질소

단위: 활성 질소reactive nitrogen(기호: Nr)
출처: Altieri, Fawcett & Hastings, 2021

반응성 질소의 화학적 형태	화학기호(약어)	질소의 산화 상태 (oxidation state)	대기 중 형태	해양에서의 형태
질산염/질산	NO_3^-/HNO_3	+5	에어로졸, 기체, 액상	용해
질산과산화아세틸 (peroxyacetyl nitrate, PAN)	$CH_3COO_2NO_2$ (PAN)	+5	기체	해당 없음
알킬 질산염 (alkyl nitrates)	$RONO_2$	+5	기체	용존 가스
오산화이질소	N_2O_5	+5	기체	해당 없음
이산화질소	NO_2	+4	기체	해당 없음
아질산염(nitrite)	NO_2^-	+3	에어로졸, 액상	용해
아질산	$HONO$	+3	기체	해당 없음
일산화질소	NO	+2	기체	용존 가스
아산화질소**	N_2O	+1	기체	용존 가스
암모니아	NH_3/NH_4^+	-3	기체, 에어로졸, 액상	용존 가스, 용해
알킬 아민	$R-NH_2$	-3	기체, 에어로졸	용해
아미노산	$R-CH(NH_2)-COOH$	-3	에어로졸, 액상	용해
요소	CH_4N_2O	-3	해당 없음	용해
유기질소	(ON)***	-*	기체, 에어로졸, 액상	용해, 용존 가스
질소 함유 휘발성유기화합물	(N-VOCs)	-*	기체	해당 없음

* 산화상태가 다양한 유기질소 화합물
** 아산화질소는 일반적으로 반응성 질소로 간주되지 않지만 자료의 완결성을 위해 포함
*** 여기에는 해양학의 용해된 유기질소와 대기학의 수용성 및 수불용성 유기질소가 포함됨

그림 2-11. 전 지구의 질소 순환

단위: million tonne N yr^{-1}
출처: Galloway, Bleeker & Erisman, 2021; IPCC, 2021; Zhang et al., 2020

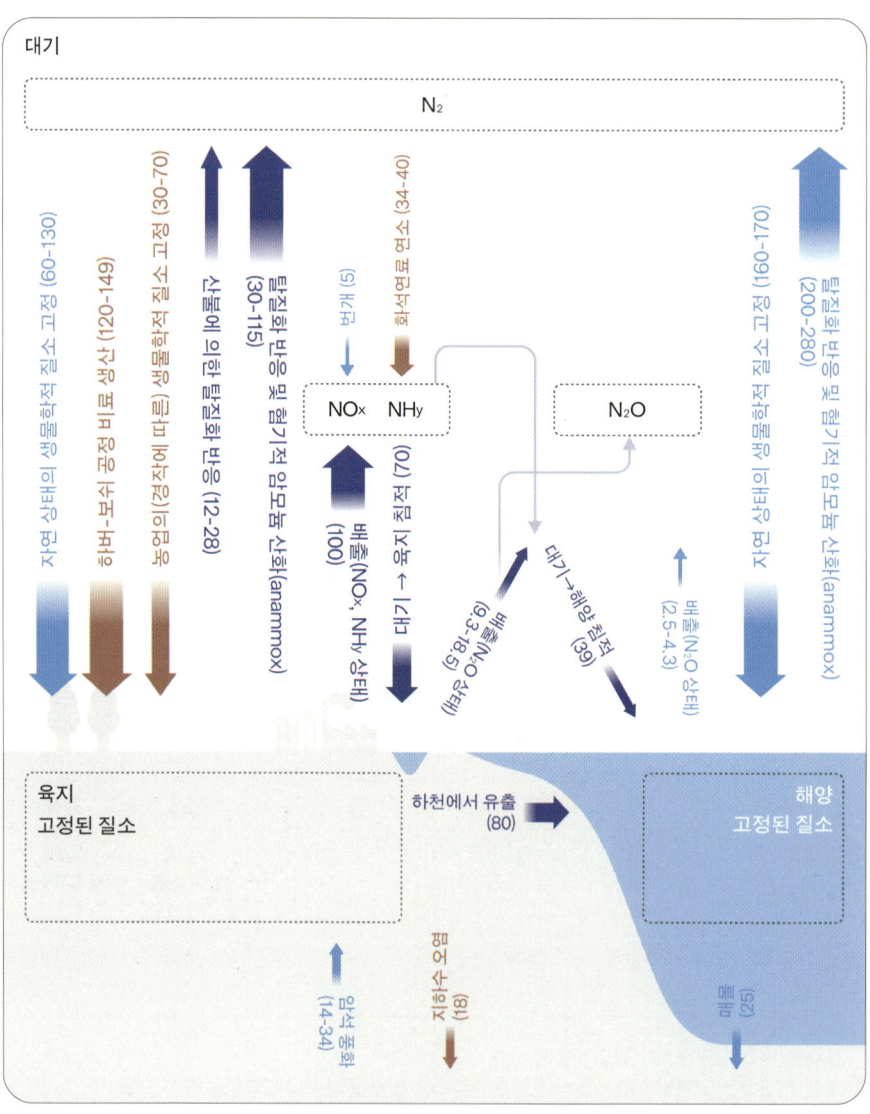

· **질소의 이동**

인간 사회와 자연 생태계를 관통하는 질소의 순환을 연간 이동량으로 살펴보자. 생물 질소 고정으로 매년 육지에서 6천만~1억3천만 톤, 해양에서 1억6천만~1억7,700만 톤의 질소가 자연 및 농경지를 포함한 인공 생태계로 유입된다. 하버-보쉬 공정을 통해 인위적으로 고정되는 질소는 약 1억2천만~1억4,900만 톤 정도이다.

암모니아와 질산염 등은 박테리아에 의해 탈질화 반응을 거치고 궁극적으로는 질소 분자로 환원되어 대기 중으로 돌아간다. 여기에는 기존에 널리 알려졌던 탈질화 반응 denitrification 외에 최근에 새로 발견된 혐기적 암모늄 산화 anammox, anaerobic ammonium oxidation, 세균에 의해 암모늄과 아질산염이 기체 질소로 전환되는 과정이 포함된다(Reineke & Schlömann, 2023). 육지에서 삼중결합 기체 분자로 되돌아가는 질소는 연간 3천만~1억1,500만 톤으로 추정되며, 해양에서는 2억~2억8천만 톤에 이른다.

한편 화석연료 연소 등을 통해 대기 중으로 배출되는 오염 물질의 양도 상당하다. 연소에서 발생하는 질소 산화물과 암모니아가 연간 1억 톤, 아산화질소가 930만~1,850만 톤 정도이다. 습식 침적이나 건식 침적으로 육지에 내려앉았다가 강물에 휩쓸려서 바다로 이동하는 질소는 연간 3천만 톤 정도다. 8천만 톤이 흘러가는데 중간에 연안에서 일부 제거되고 남은 양이다.

화학 반응을 이용해 비료를 대량 생산하는 것이 급증하면서, 질소는 생태계에서 환경 문제를 일으키는 원인 중 하나가 되었다. 자연 생태계와 인간 사회의 안전한 생존을 위한 지구위험한계Planetary Boundaries (또는 행성 한계) 연구는 인위적인 질소 고정량이 연간 6,200만 톤이 넘어서지 않아야 한다고 경고한다(Richardson et al., 2023). 그런데 최근의 연구는 그 양이 이미 연간 1억9천만 톤(하버-보쉬 공정 1억2천만~1억4,900만 톤 + 농업 재배 작물의 질소 고정 3천만~7천만 톤)으로서 3배를 초과했다. 여기에 화석연료 연소에서 생성되는 인위적 질소 3,400만~4천만 톤을 추가하면 인간의 활동으로 자연 생태계에 추가로 유입되는 질소의 양은 연평균 지구위험한계의 4배에 육박한다(Fowler et al., 2015; Galloway, Bleeker & Erisman, 2021).

질소 흐름의 일부를 구성하는 아산화질소(N_2O)는 지구온난화의 주요 원인 물질로서 최근 그 양이 급증하여 우려의 대상이 되고 있다. 대기 중에서 아산화질소의 농도가 증가하는 가장 큰 원인은 인간이 비료와 거름을 사용하여 자연의 질소 순환을 교란하고, 농업 활동과 화석연료 연소를 통해 생태계에 활성질소를 축적했기 때문이다. 1980년부터 2019년 사이에 대기 중 아산화질소 농도는 31.0(±0.5)ppb 상승했는데, 이는 40년도 채 되지 않는 기간에 무려 10%가 증가한 것이다(IPCC, 2021).

표 2-10. 육지와 해양의 전 지구 질소 흐름

단위: million tonne N yr^{-1}
출처: Galloway, Bleeker & Erisman, 2021; IPCC, 2021; Zhang et al., 2020

생태계와 흐름			현재의 이동량	출처
육지				
유입	자연적 흐름	자연 상태의 생물학적 질소 고정	60-130	Galloway, Bleeker & Erisman, 2021; Zhang et al., 2020
		암석 풍화	14-34	Zhang et al., 2020
		번개	~5	Fowler et al., 2015
	자연적 + 인위적 흐름 혼합	대기 → 육지 침적 (순침적)	70	Fowler et al., 2015
	인위적 흐름	하버-보쉬 공정 비료 생산	120-149	Fowler et al., 2015; Galloway, Bleeker & Erisman, 2021; Richardson et al., 2023
		농업의(경작에 따른) 생물학적 질소 고정	30-70	
		화석연료 연소	34-40	
유출	자연적 흐름	지하수 오염	18	Schlesinger & Bernhardt, 2020
	자연적 + 인위적 흐름 혼합	탈질화 반응 및 혐기적 암모늄 산화(anammox)	30-115	Zhang et al., 2020
		배출(질소 산화물[NO_x], 암모니아[NH_3] 형태)	~100	Fowler et al., 2015
		배출(아산화질소[N_2O] 형태)	9.3-18.5	IPCC, 2021
		하천에서의 유출	80	Fowler et al., 2015
	인위적 흐름	산불에 의한 탈질화 반응 (pyrodenitrification)	12-28	Zhang et al., 2020
해양				
유입	자연적 흐름	자연 상태의 생물학적 질소 고정	160-177	Zhang et al., 2020
	자연적 + 인위적 흐름 혼합	대기 → 해양 침적(순침적)	39	Jickells et al., 2017
		하천으로부터의 유입	~80	Zhang et al., 2020
유출	자연적 흐름	탈질화 반응 및 혐기적 암모늄 산화(anammox)	200-280	Zhang et al., 2020
		배출(아산화질소[N_2O] 형태)	2.5-4.3	IPCC, 2021
		매몰	25	Zhang et al., 2020

그림 2-12. 전 지구의 아산화질소 수지

출처: IPCC, 2021

플럭스 단위: 백만 질소톤/연(million tonne N yr⁻¹) 저장량 단위: 백만 질소톤(million tonne N)

자연적 플럭스 / 인위적 플럭스 / 저장량 / 인위적 저장량 변화

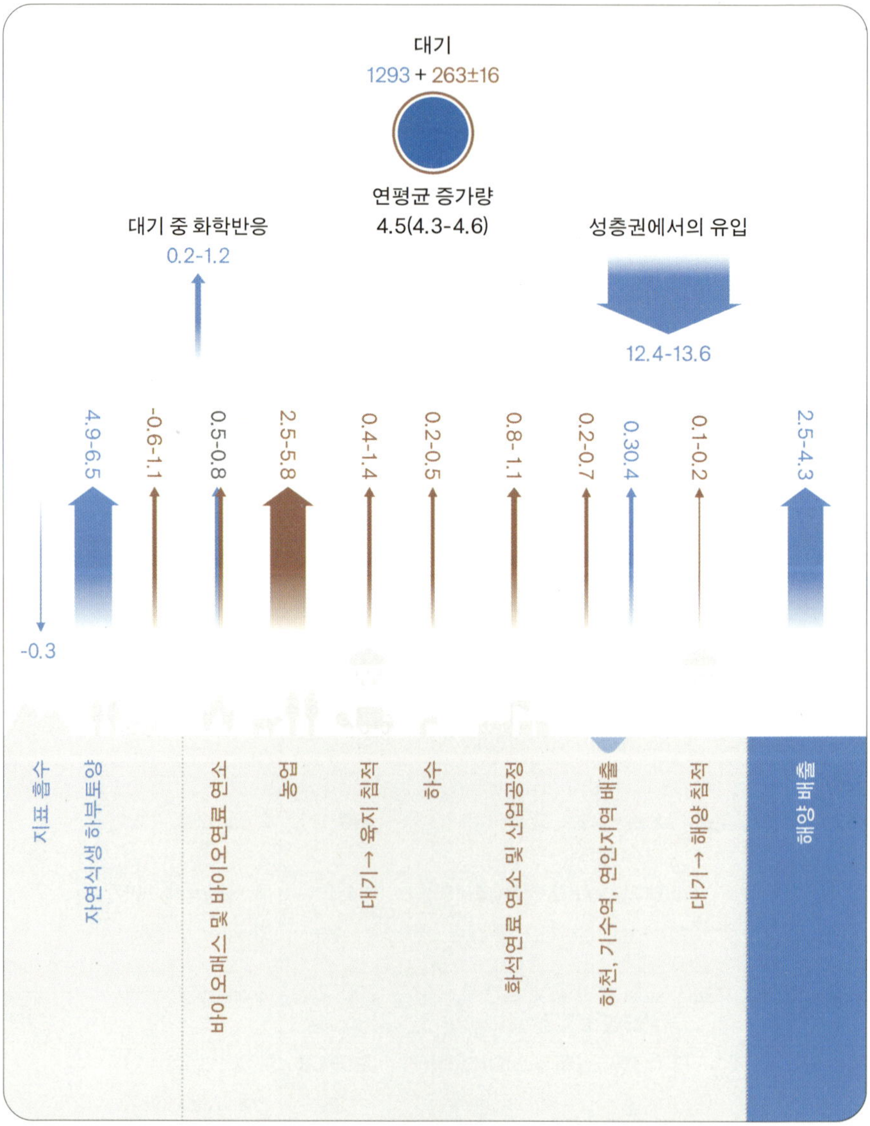

대기
1293 + 263±16
연평균 증가량
4.5(4.3-4.6)
대기 중 화학반응
0.2-1.2
성층권에서의 유입
12.4-13.6
-0.3
4.9-6.5
-0.6-1.1
0.5-0.8
2.5-5.8
0.4-1.4
0.2-0.5
0.8-1.1
0.2-0.7
0.30.4
0.1-0.2
2.5-4.3
지표 흡수
자연식생 하부토양
바이오매스 및 바이오연료 연소
농업
대기→육지 침적
하수
화석연료 연소 및 산업공정
하천, 기수역, 연안지역 배출
대기→해양 침적
해양 배출

2.4. 인

인은 생태계에서 주로 인산염phosphate(화학식 [PO$_4$]$^{3-}$)의 형태로 존재하며 생물의 생존과 기능에 참여한다. 인산염은 모든 생물의 세포막 주요 성분인 인지질phospholipid의 핵심 원소이다. 또한 바이러스의 일부 및 모든 생물의 세포핵에서 유전 정보를 저장하는 DNA, 생물의 세포핵 밖에서 유전 정보로 단백질 합성에 관여하는 RNA, 모든 생물의 체내에서 에너지를 저장·공급·운반하는 ATP에도 모두 포함된다(그림 2-13).

· 인 저장소와 저장량

지구상에서 인은 대부분 퇴적물에 저장되어 있으나, 생물의 작용으로 생태계로 공급된다. 생태계는 육지의 토양에서 식물이 흡수하거나 해양의 용존 성분에서 생물이 섭취함으로써 인을 공급한다. 인간 사회는 필요한 인을 얻기 위해 지각에서 채굴한다.

2010~2019년에 전 세계가 지각에서 채굴한 인은 연평균 3,020만 톤(오산화인[P$_2$O$_5$] 기준으로는 연평균 6,930만 톤)이었다(IFA, 2023).

인도 질소와 마찬가지로 과도하게 공급되면 부영양화를 일으킨다. 학자들은 토양에 시비되는 인 비료의 양이 연간 620만 톤을 넘어서거나 하천에서 바다로 흘러 들어가는 인의 양이 연간 1,100만 톤을 넘어서면 생태계와 인간의 안전

그림 2-13. 인지질, DNA, RNA, ATP의 기초를 이루는 인산염과 그 핵심성분 인(phosphorus)
출처: 위키미디어 커먼스(https://commons.wikimedia.org)

(a) 인산염

(b) 인지질

(c) DNA(디옥시리보핵산)

DNA를 구성하는 핵염기:
- 아데닌(A)
- 구아닌(G)
- 사이토신(C)
- 티민(T)

(d) RNA(리보핵산)

RNA를 구성하는 핵염기:
- 아데닌(A)
- 구아닌(G)
- 사이토신(C)
- 유라실(U)

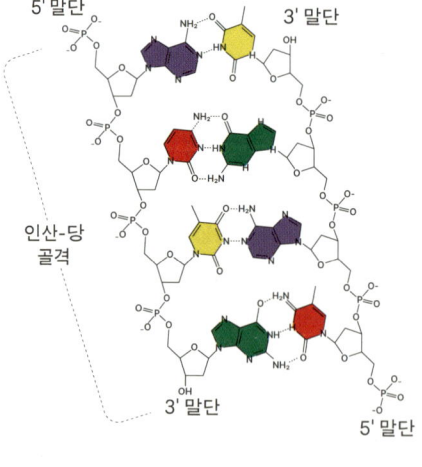

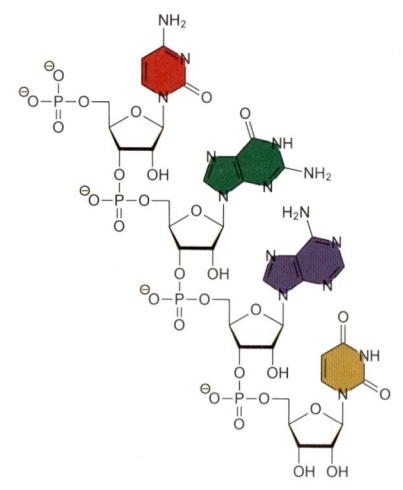

(e) ATP(아데노신 3인산)

한 생존을 위한 지구위험한계를 넘어서는 것으로 판단한다(Richardson et al., 2023). 현재 채굴량 3,020만 톤 중 토양에 시비되는 인은 연평균 1,940만 톤으로서 지구위험한계의 3배를 초과했다(IFA, 2023). 하천에서 바다로 유입되는 인은 용존 인 400~600만 톤, 부유 인 600만~2,000만 톤으로 추정되는데, 용존 인과 부유 인의 총량은 연평균 2,200만 톤으로 알려져 있다. 해양 유입 인의 지구위험한계 수준과 비교하면 2배 정도다(Schipanski & Bennett, 2021).

표 2-11. 지구상의 주요 인 저장소와 저장량
단위: million tonne P
출처: Yuan et al., 2018

저장소	저장량	90% 신뢰구간	신뢰도
퇴적물	$(0.8-4.0) \times 10^9$		L
광물 가채 매장량	8.3×10^3	$(7.7-8.9) \times 10^3$	H
토양	9.5×10^4	$(2.5-16.5) \times 10^4$	M
육지 생물상	4.7×10^2	$(3.9-5.5) \times 10^2$	M
해양 생물상	1.0×10^2	$(0.7-1.3) \times 10^2$	M
담수 생물상	0.34		M
담수	25	25-90.0	M
해수	1.1×10^5	$(0.9-1.3) \times 10^5$	M

그림 2-14. 전 지구의 인 순환

단위: million tonne P yr^{-1}
출처: IFA, 2023; Schipanski & Bennett, 2021; Yuan et al., 2018

→ 자연적 흐름
→ 자연적+인위적 흐름 혼합
→ 인위적 흐름

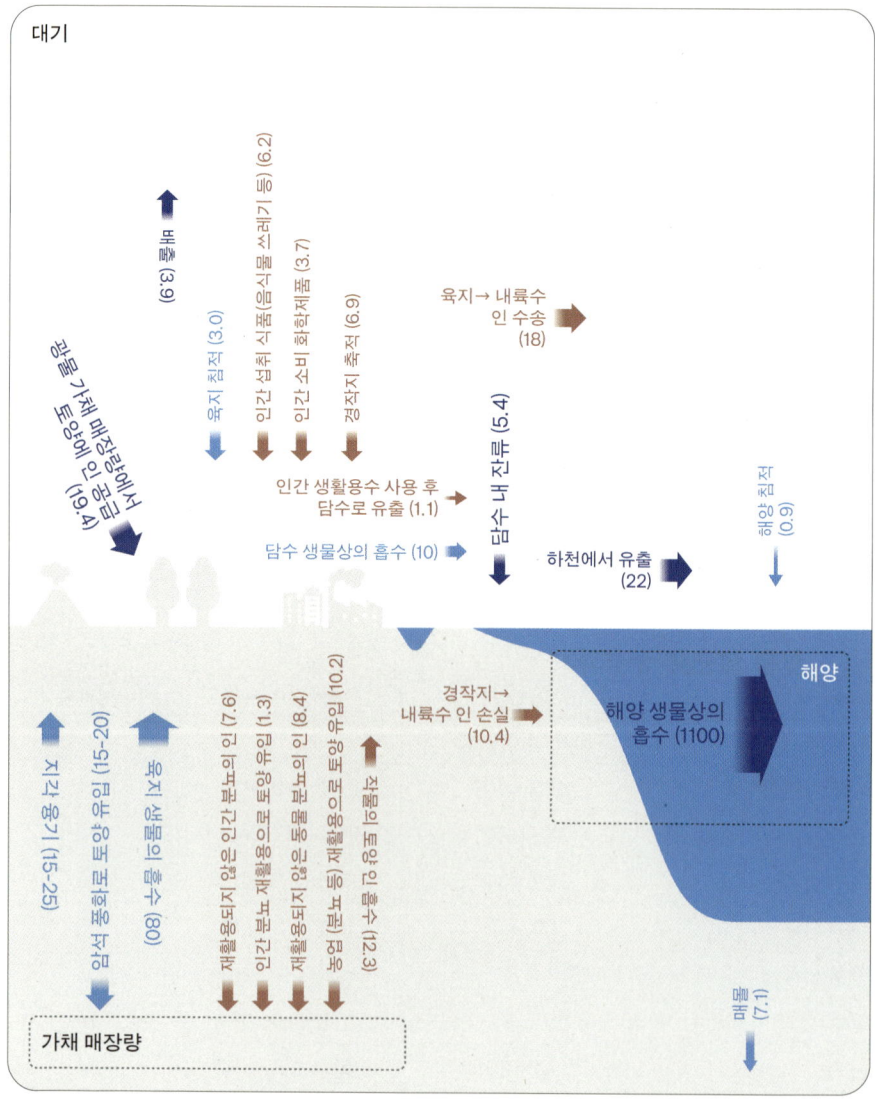

표 2-12. 전 지구 주요 인의 흐름

단위: million tonne P yr^{-1}
출처: IFA, 2023; Schipanski & Bennett, 2021; Yuan et al., 2018

흐름	현재 이동량	비고
대기로의 배출	3.9±0.7	
육지 침적	3.0±0.3	
해양 침적	0.9±0.5	
암석풍화로 토양 유입	15.0-20.0	
육지 → 내륙수 인 수송	18.0±9.0	
하천을 통한 해양 유출	22	Schipanski & Bennett (2021)
용존 인	4-6	
부유(입자상) 인	6-20	
담수 내 잔류	5.4±3.2	
육지 생물상의 흡수	(0.8±0.2) × 10^2	
해양 생물상의 흡수	(1.1±0.2) × 10^3	
담수 생물상의 흡수	10	
해양→퇴적물 매몰	7.1±6.1	
지각 융기	15.0-25.0	
광물 가채 매장량에서 토양에 인 공급	19.4±0.3	2010-2019(IFA, 2023)
작물의 토양 인 흡수	12.3±0.3	
농업(분뇨 등) 재활용으로 토양 유입	10.2±4.8	
인간 소비 화학제품	3.7	
인간 섭취 식품(음식물 쓰레기 등)	6.2	
인간 생활용수 사용 후 담수로 유출	1.1±0.5	
인간 분뇨 재활용으로 토양 유입	1.3±0.2	
경작지 → 내륙수 인 손실	10.4±5.7	
재활용되지 않은 인간 분뇨의 인	7.6±0.2	
재활용되지 않은 동물 분뇨의 인	8.4±4.3	
경작지 축적	6.9±3.3	

2.5. 황

황에는 단백질을 만드는 아미노산인 메티오닌과 시스테인에 포함되어 있다. 메티오닌은 사람이 스스로 충분히 합성할 수 없기 때문에 외부에서 섭취해야 하는 필수 아미노산이다. 시스테인도 생장 단계나 건강 상태에 따라서 추가 섭취가 필요할 만큼 중요한 아미노산이다(Dordevic et al., 2023, Table 1).

· 무산소 광합성

황은 많은 생물의 생존을 위해 필요한 에너지를 공급한다. 산소가 없는 환경에서 진화한 박테리아 등의 생물은 물(H_2O) 대신 황화수소(H_2S)에서 전자를 공급받아 광합성을 일으킨다. 식물의 광합성은 부산물로 산소를 생성하지만, 황화수소를 수반하는 광합성에서는 산소가 발생하지 않는다(Sugitani, 2022).

표 2-13. 황을 포함하는 주요 작용기와 생물에서 발견되는 형태
출처: Dordevic et al., 2023

황 함유 화합물	포함 물질
$HS-CH_2-R$	시스테인(cystine, α-아미노산)
$H_3C-S-CH_2-R$	메티오닌(methionine, α-아미노산)
$R-S-S-R$	이황화물(disulfide, 알린[alliin]과 비슷한 시스테인 등)
$HOS-R$	설펜산(sulfenic acid, 단백질 내 시스테인의 합성 후 변형)
HO_2S-R	설핀산(sulfinic acid, 단백질 내 시스테인의 변형)
HO_3-S-CH_2-R	지방에 포함
$HO_3-S-O-CH_2-R$	지방에 포함

산소가 충분히 공급될 것 같은 현재도 산소를 발생하지 않는 광합성으로 살아가는 생물들이 있다. 황이 끊임없이 공급되는 환경이 여전히 존재하는 것이 그 생물들이 생존할 수 있는 이유일 듯하다.

황은 육상과 해저의 화산활동을 통해 지각에서 생태계로 유입되어 왔는데, 특히 깊은 바다에서 황이 배출되는 지점인 열수분출공hydrothermal vent, 熱水噴出孔에는 햇빛이 들지 않는다. 그러나 열수분출공에서 나오는 매우 희미한 빛으로도 박테리아가 황의 도움을 받아서 광합성을 할 수 있다(Sugitani, 2022).

표 2-14. 지구상의 주요 황 저장소와 저장량

단위: million tonne S
출처: Jones et al., 2016; Reineke & Schlömann, 2023; Schlesinger & Bernhardt, 2020; Schoonen, 2018

저장소		황의 주요 형태	황 저장량
대기		기체: H_2S, SO_2, DMS, OCS; 에어로졸: H_2SO_4, $(NH_4)_2SO_4$	2.8
해양	해수	SO_4^{2-}	$(1.25\text{-}1.28) \times 10^9$
	해양 퇴적물	FeS_2, S, $CaSO_4 \cdot 2H_2O$; 석고, 무수석고, 금속 황화물, 황	3.00×10^8
	용존 유기황		6.70×10^3
	해양 생물상	유기황	100
육지	퇴적암	FeS_2, S, $CaSO_4 \cdot 2H_2O$; 황철석, 석고, 경석고	$(0.744\text{-}2.00) \times 10^{10}$
	토양 유기물	유기황 (낙엽층[litter] 및 부식층[humus])	$(1.25\text{-}1.28) \times 10^4$
	하천 및 호수	SO_4^{2-}	300
	육지 생물상	유기황	$(1.25\text{-}1.28) \times 10^4$
합계		최소	8.99×10^9
		최대	216×10^{10}

그림 2-15. 전 지구의 황 순환

단위: million tonne S yr^{-1}

출처: Brimblecombe, 2014; Reineke & Schlömann, 2023; Schlesinger & Bernhardt, 2020

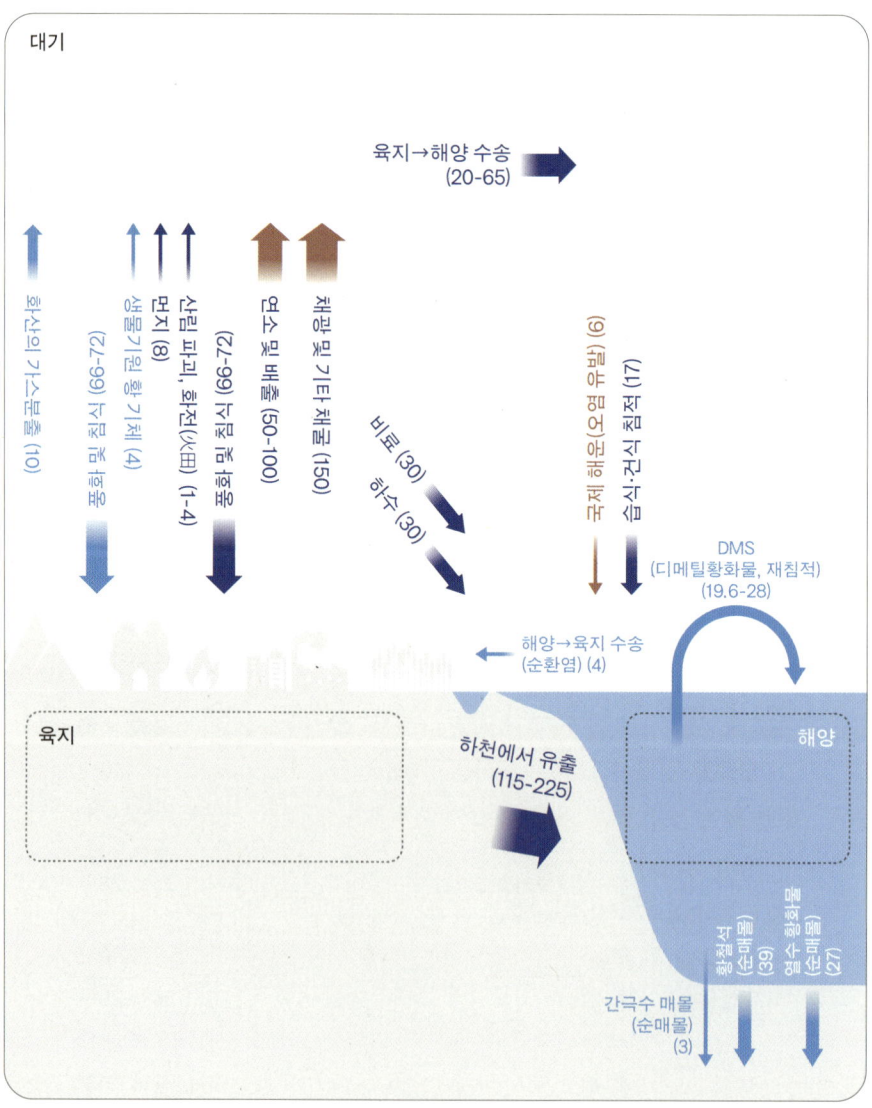

그림 2-16. 지구상의 주요 황 저장량

단위: million tonne S

출처: Jones et al., 2016; Reineke & Schlömann, 2023; Schlesinger & Bernhardt, 2020; Schoonen, 2018

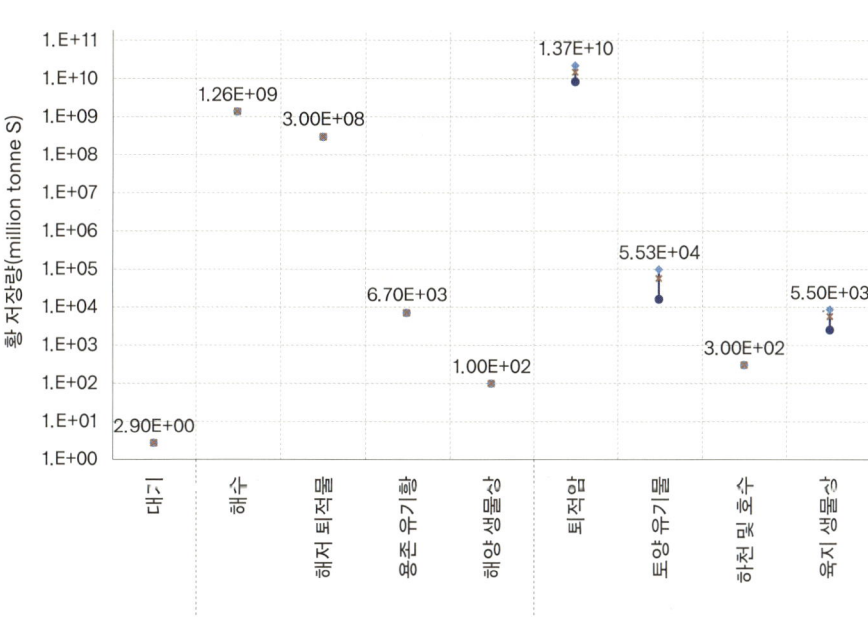

세로축 지수 표현 설명:

$E+00 = 10^0$

$E+01 = 10^1$

⋮

$E+10 = 10^{10}$

$E+11 = 10^{11}$

예) $1.E+10 = 1E+10 = 1 \times 10^{10}$

$6.70E+03 = 6.7 \times 10^3$

· 황 산화물

다른 주요 원소들처럼, 황도 생태계에 꼭 필요하지만 인위적으로 과도하게 사용된 후 자연환경에 배출되면 주요 오염 물질로 바뀐다. 전 세계적으로 가장 우려를 불러일으키는 문제는 화석연료를 연소할 때 나오는 황 산화물(SO_x)이다.

화석연료는 탄화수소가 주성분이지만 실제로는 모두 황을 포함하고 있다. 석탄, 천연가스를 연료로 쓰는 화력발전소가 주 배출원이며, 휘발유와 경유를 연료로 쓰는 내연기관 자동차와 각종 건설장비도 황 산화물을 배출한다. 일상생활에서 직접 마주치지 않기 때문에 바로 떠오르지 않을 수 있지만 항공기와 선박도 황 산화물을 배출한다. 선박은 항구에 정박 중이거나, 선적과 하역을 위해 해상에서 대기할 때도 내부 시설을 유지하기 위해 계속해서 연료를 소비하기 때문에 끊임없이 황 산화물을 배출한다.

황 산화물 중 이산화황(SO_2; 또는 아황산가스)이 가장 널리 알려져 있다. 이산화황은 대기 중에서 산성비를 만든다. 또한 황 산화물은 공기 중에서 암모니아와 만나면 다음의 반응을 거쳐 이차 생성 미세먼지(PM2.5)가 되어 대기오염을 가중한다.

(a) 이산화황의 황산 전환

$SO_2 \Rightarrow$ (OH, H_2O, O_3, H_2O_2, O_2와 반응) $\Rightarrow H_2SO_4$

표 2-15. 전 지구 주요 황의 흐름

단위: million tonne S yr^{-1}

출처: Jones et al., 2016; Reineke & Schlömann, 2023; Schlesinger & Bernhardt, 2020; Schoonen, 2018

생태계 및 이동과정			이동량 (Tg S/yr)	출처
육지				
유입	자연적 유입	풍화 및 침식	66-72	Reineke & Schlömann, 2023; Schlesinger & Bernhardt, 2020
	자연적 + 인위적 유입 혼합	습식 및 건식 침적	71.81	Rubin et al., 2023
	인위적 흐름	화석연료의 채광 및 기타 채굴 부산물	150.	Schlesinger & Bernhardt, 2020
유출	자연적 흐름	화산의 가스 분출	7.5-10.5	Schlesinger & Bernhardt, 2020
		생물 기원 황 기체	4.	Schlesinger & Bernhardt, 2020
	자연적 + 인위적 유출 혼합	하천에서 유출	115-225	Reineke & Schlömann, 2023
		먼지	8.	Schlesinger & Bernhardt, 2020
		산림 파괴, 화전(火田)	1-4	Brimblecombe, 2014
	인위적 유출	연소 및 배출	50-100	Schlesinger & Bernhardt, 2020
		하수	30.	Brimblecombe, 2014
		비료	30.	Brimblecombe, 2014
해양				
유입	자연적 + 인위적 유입 혼합	하천에서의 유입	115-225	Reineke & Schlömann, 2023; Schlesinger & Bernhardt, 2020
		육지 → 해양 수송 (오염물질 등)	20-65	Schlesinger & Bernhardt, 2020
		습식 및 건식 침적	17.1	Rubin et al., 2023
	인위적 유입	국제 해운(오염 유발)	6.	Schlesinger & Bernhardt, 2020
유출	자연적 흐름	해양 → 육지 수송 (순환염)	4.	Schlesinger & Bernhardt, 2020
		DMS(디메틸황화물, 재침적)	(19.6-28)	Schlesinger & Bernhardt, 2020
		황철석(pyrites, 순매몰)	39.	Schlesinger & Bernhardt, 2020
		열수 황화물(순매몰)	27.	Schlesinger & Bernhardt, 2020
		간극수 매몰 (pore water, 순매몰)	3.	Schlesinger & Bernhardt, 2020

(b) 황산암모늄 미세먼지의 생성

　　i. 황산암모늄ammonium sulfate: $NH_3 + H_2SO_4 \rightarrow NH_4HSO_4$

　　ii. 중황산암모늄ammonium bisulfate: $2NH_3 + H_2SO_4 \rightarrow (NH_4)_2SO_4$

· 황 산화물 배출량

육지의 화석연료 연소에 따른 대기 중 황 배출량은 연간 5천만~1억 톤에 달한다. 육지에서 배출된 황은 대기를 통해 바다로 매년 2천만~6,500만 톤이 운반되며 바닷물을 오염시킨다. 국제 해운에서 나오는 황 배출량은 이와 별도로 연간 6백만 톤에 달한다. 여기에 화석연료를 채굴하는 과정에서 배출되는 양도 연간 1억 5천만 톤이다.

황 산화물 주오염원의 상대적 비율을 우리나라 통계에서 살펴보면 표 2-16, 표 2-17과 같다. 인위적 활동 기준으로는 석유제품 산업과 제철제강업을 중심으로 생산 공정이 전국 배출량의 약 44%를 차지한다. 에너지 산업 연소 19%, 선박 15%, 제조업 연소 13%가 그 다음으로 많이 배출한다. 연료별로는 석탄류가 25%, 석유제품이 23% 정도이다. 집계되지는 않았지만 연소에 의한 배출량에서도 생산 공정이 전국 배출량의 44%를 차지한다.

표 2-16. 우리나라의 연료별 황 산화물* 배출량(2019년 기준)
출처: CAPSS, 2023

연료		배출량(톤)	비율
석탄류	유연탄	58,859.332	24.88%
	무연탄	12,912.214	5.46%
석유제품	중유 등	33,276.933	14.06%
	B-C유	13,863.369	5.86%
	B-A유	1,896.370	0.80%
	B-B유	1,644.968	0.70%
	경유	1,642.577	0.69%
	항공유	955.178	0.40%
	등유	183.886	0.08%
	LPG	151.922	0.06%
	휘발유	76.037	0.03%
	저황왁스유(Low Sulfur Waxy Residue, LSWR)	47.346	0.02%
천연가스	LNG	829.055	0.35%
기타	기타(클린시스용)	2,550.148	1.08%
	고형 연료(SRF)	112.008	0.05%
	하이브리드	2.501	0.00%
비연소 배출	생산 공정	105,240.083	44.48%
	생물성 연소	75.377	0.03%
합계		236,596.063	100.00%

* 황 산화물(SOx) = 이산화황(SO_2, 아황산가스) + 삼산화황(SO_3, 황산가스)

2장. 생태계 물질순환

표 2-17. 우리나라의 배출원별 황 산화물* 배출량(2019년 기준)
출처: CAPSS, 2023

배출원	배출량(톤)	비율
생산 공정	**105,240.083**	**44.48%**
석유제품 산업	58,781.529	24.84%
제철제강업	36,763.187	15.54%
기타 제조업(석회, 유리)	7,618.762	3.22%
무기화학제품 제조업(황산 생산)	1,521.294	0.64%
유기화학제품 제조업(무수프탈산)	430.793	0.18%
목재, 펄프 제조업	124.517	0.05%
에너지 산업 연소	**45,381.062**	**19.18%**
공공 발전시설	37,253.276	15.75%
석유 정제시설	4,326.971	1.83%
민간 발전시설	3,247.151	1.37%
지역 난방시설	553.664	0.23%
비도로 이동 오염원	**37,551.805**	**15.87%**
선박	36,345.983	15.36%
항공	955.178	0.40%
철도	137.706	0.06%
건설 장비	106.247	0.04%
농업 기계	6.690	0.00%
제조업 연소	**29,839.559**	**12.61%**
공정로	15,834.889	6.69%
기타	12,139.411	5.13%
연소 시설	1,865.259	0.79%
비산업 연소	**15,875.911**	**6.71%**
상업 및 공공기관 시설	8,157.369	3.45%
주거용 시설	6,974.658	2.95%
농업·축산·수산업 시설	743.884	0.31%
폐기물 처리(폐기물 소각)	**2,324.104**	**0.98%**

배출원	배출량(톤)	비율
도로 이동 오염원	**308.163**	**0.13%**
화물차	128.296	0.05%
승용차	84.593	0.04%
RV	53.201	0.02%
버스	18.937	0.01%
이륜차	9.811	0.00%
승합차	6.733	0.00%
택시	3.723	0.00%
특수차	2.870	0.00%
생물성 연소	**75.377**	**0.03%**
합계	236,596.063	100.00%

* 황 산화물(SOx) = 이산화황(SO_2, 아황산가스) + 삼산화황(SO_3, 황산가스)

· 황의 두 얼굴

황 산화물은 환경오염의 주된 우려 요소이지만, 동시에 주요 에어로졸로서 지구온난화를 완화하는 역할도 한다. 2020년 3월 선박 연료의 황 함유량 제한(IMO, 2018)이 시행되면서 전 세계적으로 선박의 황 산화물 배출량이 급감했다. 대기 오염과 육지의 황 침적, 해수 오염이 감소한다는 측면에서는 좋은 신호이다. 하지만 단기간에 온실가스 배출량을 감축해서 지구온난화 속도를 낮추고 마침내는 멈추게 해야 하는 인류에는 주요 에어로졸인 황 산화물의 감소가 의도하지 않은 추가 지구온난화 요인이 되는 것이다.

어떤 연구는 이런 현상을 상쇄하기 위해서 환경에 악영향이 별로 없는 인공 에어로졸을 대기 중에 대량 방출하는 일종의 지구공학 해법이 필요하다고 주장하기도 한다(Hansen et al., 2023). 지구 규모에서 영향을 미칠 수 있는 기후위기 대응 방법에는 신중론도 있다(Mann, 2023).

가속하는 기후와 환경의 위기, 그리고 그 해법에 '황'을 어떻게 사용하고 관리하는지가 이전보다 더 중요해지는데 그만큼 제때 인류와 생태계의 지속가능한 미래를 위한 최선의 해법을 제시하는 데 과학자들의 역할이 요구된다.

그림 2-17. 1750~2019년 누적 배출량에 따른 기후 영향
출처: IPCC, 2021, p.854

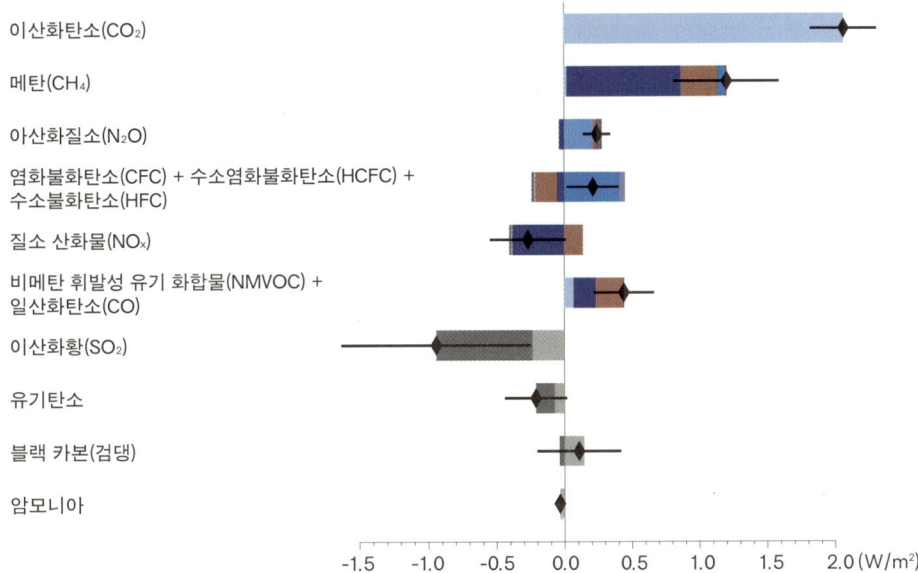

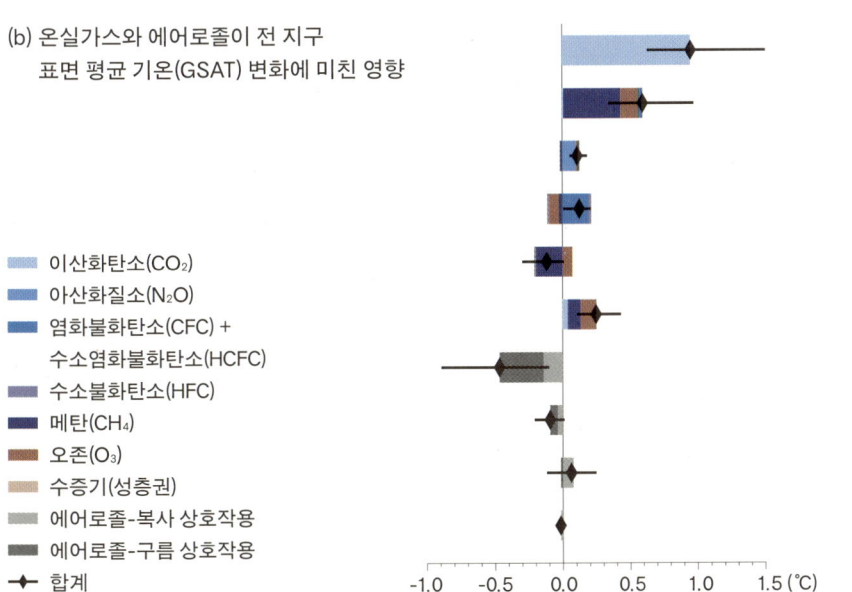

2장. 생태계 물질순환

2.6. 플라스틱

플라스틱은 지금까지 언급한 원소와는 다르다. 화합물의 범주에 속하기는 하지만 대체로 자연적으로 만들어지는 물과도 다르다. 플라스틱은 탄소 중심의 분자량이 적은 물질monomers을 합성하여 분자량이 많은 물질로 만든 합성 고분자 물질synthetic polymers이다. 탄소를 공급하는 원료 물질의 주성분은 탄화수소hydrocarbons인데, 지금까지는 값싸고 풍부한 탄화수소 공급원으로서 석유, 천연가스, 석탄과 같은 화석연료가 쓰였다.

전 세계의 플라스틱 사용량은 계속 증가해 왔다. 플라스틱은 완성 후에도 열을 가하면 물러져서 다시 성형할 수 있는 열가소성thermoplastic 플라스틱과, 성형하고 나면 열을 가해도 변형하기 힘든 열경화성thermoset 플라스틱으로 나뉜다.

· **플라스틱 생산량**

OECD에 따르면 1990~2019년 동안 전 세계의 플라스틱 생산량은 연평균 약 4.5% 증가했다. 2019년 기준으로는 연간 약 4억 6,000만 톤(1차 생산 4억 3,100만 톤 + 2차 생산 2,900만 톤)이 생산되었다.

표 2-18. 플라스틱 종류별 전 지구 생산량 변화 및 앞으로의 수요 전망

단위: 백만 톤
출처: OECD, 2022a, 2022b, 2022c

경화 공정	종류	생산량			수요	CAGR (연평균 복합 성장률)	
		1990	2019	2060	1990~2019	2019-2060	
열가소성	PP	20.804	72.805	195.117	4.41%	2.43%	
	Fibres	16.514	60.448	159.247	4.58%	2.39%	
	HDPE	14.371	55.544	140.330	4.77%	2.29%	
	LDPE, LLDPE	15.666	54.303	165.107	4.38%	2.75%	
	PVC	14.701	51.392	131.169	4.41%	2.31%	
	PET	6.647	24.918	61.173	4.66%	2.21%	
	PS	6.353	21.116	55.002	4.23%	2.36%	
	SA	2.683	8.944	25.393	4.24%	2.58%	
열경화성	PUR	5.371	18.032	48.274	4.26%	2.43%	
혼합	기타	26.777	92.244	249.815	4.36%	2.46%	
합계		129.887	459.746	1,230.627	4.46%	2.43%	

ABS = Ascrylonitrile butadiene styrene
ASA = acrylonitrile styrene acrylate
Fibres (≈ PA)
HDPE = High-density polyethylene
LDPE = Low-density polyethylene
LLDPE = linear low-density polyethylene
PA = Polyamide (nylon)

PET = Polyethylene terephthalate
PP = Polypropylene
PS = Polystyrene
PUR = Polyurethane
PVC = Polyvinyl chloride
SA = ABS, ASA, SAN
SAN = styrene acrylonitrile

· **플라스틱의 흐름**

플라스틱은 생태계에서 순환하지도 않고, 따로 저장소가 있다고 보기 힘들다. 하지만 원료 채취, 제조, 소비, 폐기물의 처리, 생태계 내에서의 복잡한 이동 등으로 웬만한 원소 못지않게 광범위한 흐름을 보여준다. 어떤 학자는 플라스틱이 전 지구적으로 인간 사회와 생태계에 영향을 미치는 현상을 강조하기 위해 물질로 나눈 인류의 연대에서 가장 최근 단계를 '플라스틱 시대'라고 부르기도 한다(표 2-19; Smith, 2019).

플라스틱은 종류에 따라 다르기는 하지만, 자연 분해를 통해 절반으로 감소하기까지 육지에서 최대 5천년, 바다에서 최대 1,200년이 걸린다. 생수병으로 널리 쓰이는 PET도 육지에서 자연 분해되어 반으로 줄어드는 데 2,500년 이상이 필요하

표 2-19. 인류의 7대 물질 시대
출처: Smith, 2019

석기 시대(Stone Age)	약 2,500,000~3200 BCE*
청동 시대(Bronze Age)	약 3200~1200 BCE
철 시대(Iron Age)	약 1200 BCE~100 CE
유리 시대(Glass Age)	1300 CE~현재
강 시대(Steel Age)	1800년대~현재
알루미늄 시대(Aluminum Age)	1800년대~현재
플라스틱 시대(Plastic Age)	1907년~현재

* BCE(Before Common Era): 공통 시대 이전. 기원 전과 같은 의미.

다(Chamas et al., 2020). 그래서 매년 생산된 플라스틱은 그해에 거의 분해되지 않는다고 볼 수 있다. 이에 따라 전 지구 플라스틱의 생산 및 흐름을 정리하면 그림 2-18과 같다.

쉽게 분해되지 않는 플라스틱이 자연 생태계에서 잘 보이지 않는다면 화학적으로 분리된 것이 아니라 물리적으로 잘게 쪼개진 상태로 퍼져있기 때문일 수 있다. 조각 난 플라스틱은 야생동물의 소화기에 쌓이거나 질식사 위험을 초래하는 등 생존을 위협할 수 있다. 특히 지름 5mm 이하의 작은 조각이 되면 미세플라스틱microplastics의 형태로 바다로 흘러가서 생태계의 먹이사슬과 퇴적층에 섞이면서 자연적인 물질 흐름을 교란한다. 먹이사슬의 일부는 수산물을 먹는 사람에게 연결되므로 사람의 건강에도 영향을 미칠 수 있어서 점점 더 심각한 환경 문제로 부각되고 있다.

그래서 2022년 전 세계는 플라스틱 폐기물 오염을 종식하는 데 합의하고 2024년 말까지 법적인 구속력이 있는 협약을 마련하기로 했다(UNEA, 2022). 2년 안에 결론을 내야 하는 만큼 각국은 정부간 협상 위원회Intergovernmental Negotiating Committee, INC[6]를 통해 밀도 있게 정부, 시민 사회, 기업의 입장을 수렴하고 있다. 이 협약은 2023년 9월 공개된 초안(INC,

---

6 공식 명칭은 '해양환경을 포함하여 플라스틱 오염에 관한 법적 구속력 있는 국제 협약을 도출하기 위한 정부간 협상 위원회'(Intergovernmental Negotiating Committee to develop an international legally binding instrument on plastic pollution, including in the marine environment)이다.

그림 2-18. 전 지구의 플라스틱 생애 주기 순환
단위: million tonne yr^{-1}
출처: UNEP, 2022

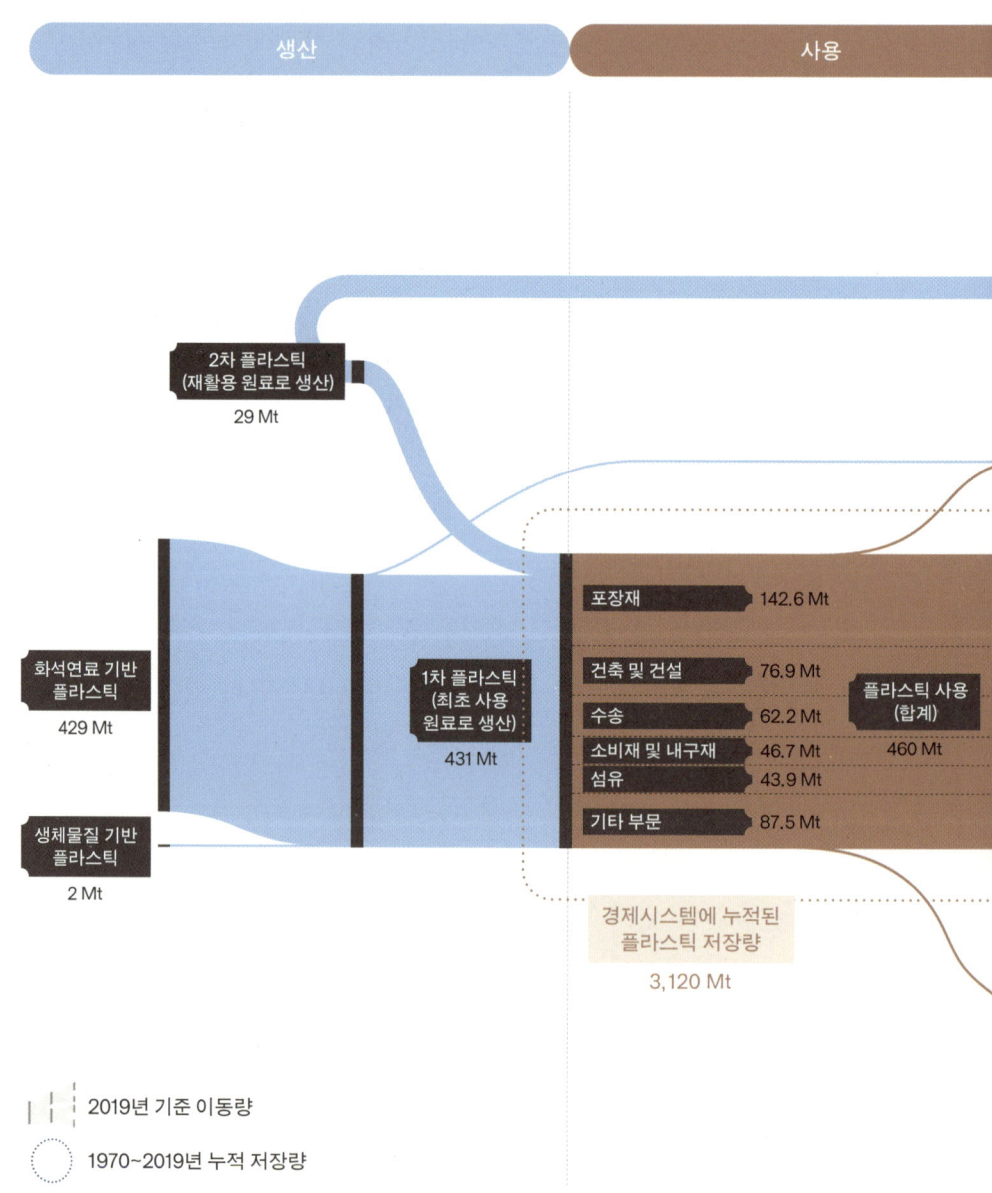

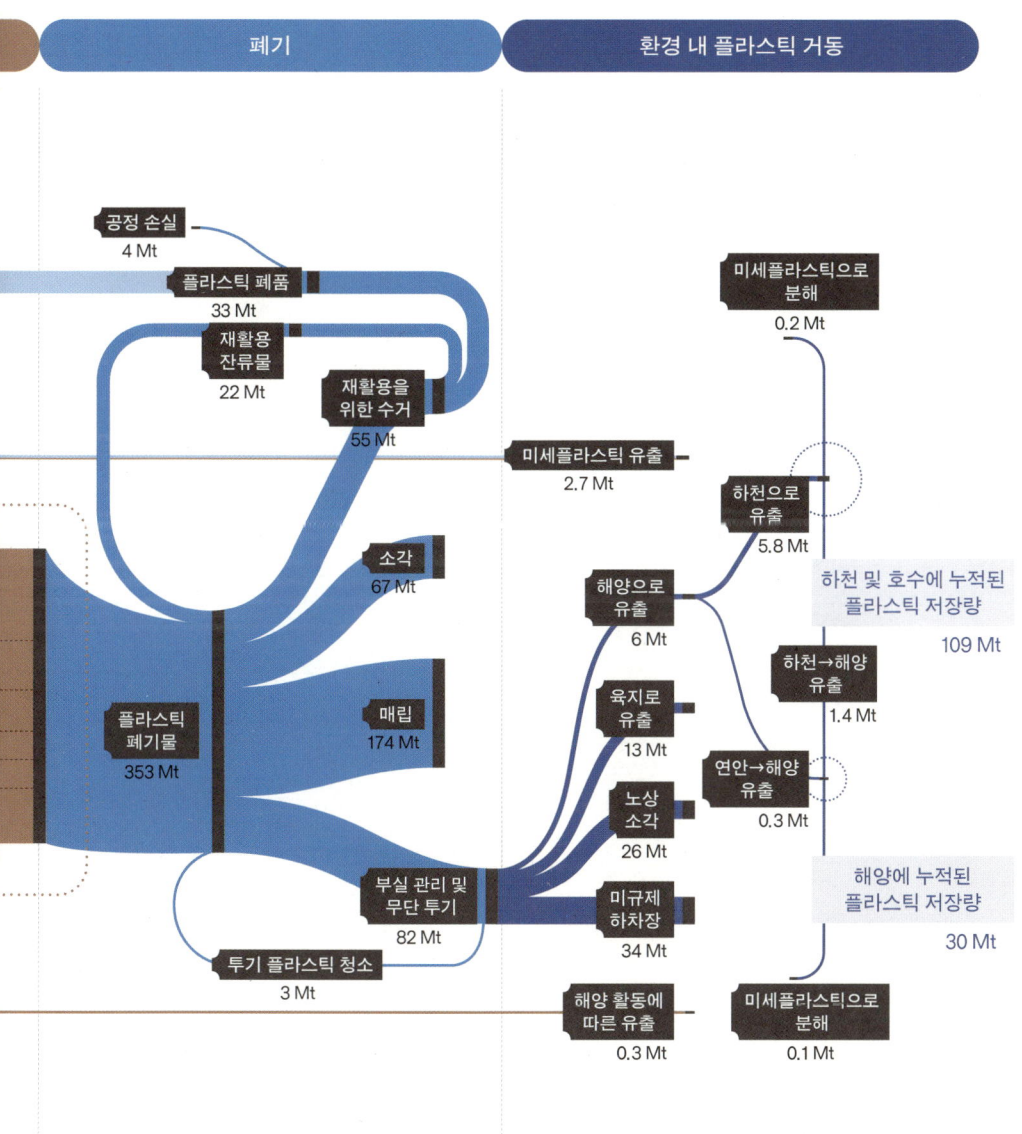

2장. 생태계 물질순환

그림 2-19. 누적되고 돌이키기 힘든 플라스틱 오염의 다양한 잠재적 장기 전 지구 영향
출처: MacLeod et al., 2021

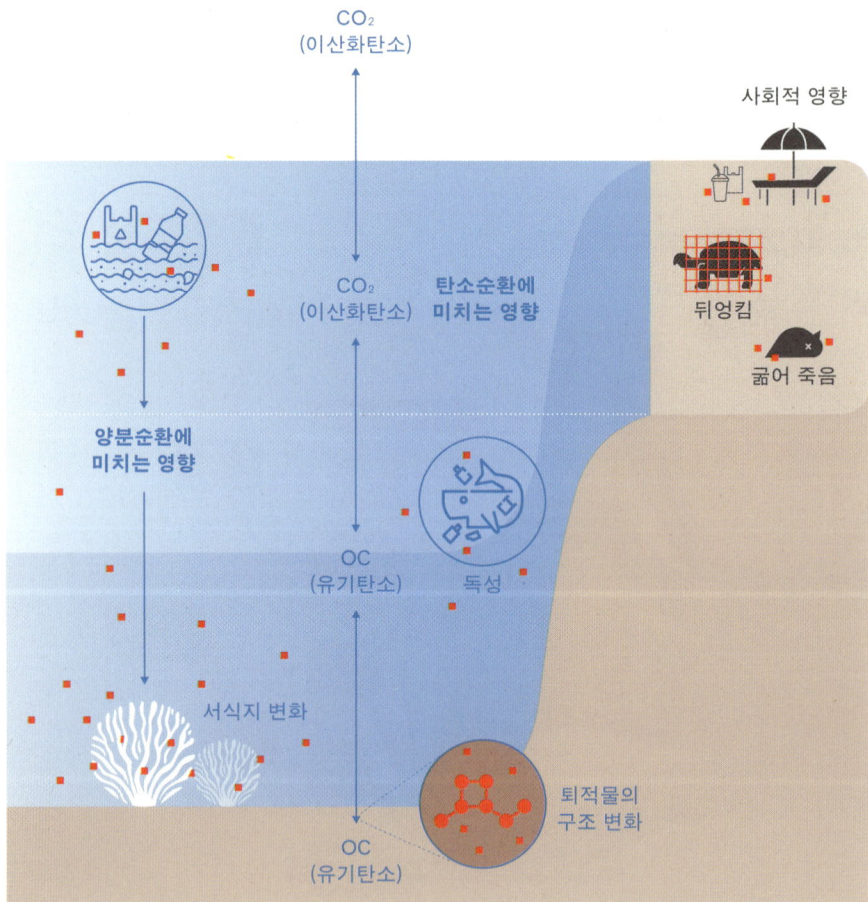

대표적인 잠재적 영향 = 탄소순환, 양분순환, 토양 서식지 및 퇴적물 서식지에 대한 지구물리학적 영향, 멸종위기종/핵심종(keystone species)에 대한 생물학적 영향과 (생태)독성의 동시 발생, 환경 수준 및 정책 변화에 관한 대중의 인식으로 인한 사회적 영향

2023a)과 같은 해 12월 공개된 수정 초안(INC, 2023b)을 기초로 두 번의 INC(INC-3: 2023년 11월 케냐 나이로비; INC-4: 2024년 4월 캐나다 오타와)에서 협의 과정을 거쳐 2024년 11월 25일~12월 1일에 우리나라 부산에서 열리는 제5차 INC(INC-5)에서 최종안을 채택할 것으로 예상된다.

3장.
물질순환 모형

기후변화와 생태계 물질순환 Climate Change and Ecosystem Material Cycles

1. 모형 기초 이론
2. 평가 모형: 규모에 따른 분류
3. 물질순환시스템 연구 방향

기후변화에 따른 여러 물질의 거동과 순환 고리의 부문별·지역별 영향, IPCC 시나리오에 따른 영향은 관측monitoring과 모델링modelling에 의해 평가된다. 우리가 관측하는 현상들은 실제로 벌어지고 있는 사실이지만, 모델링은 관측을 통해 평가하지 못하는 시간 및 장소 범위에 일어날 법한 현상들을 추정하는 데 활용된다. 따라서 모델링은 여러 관측 정보나 자연·생태 및 사회·경제 상황에 대한 인과관계에 따라 현실 세계를 그럴 듯하게 수치적으로 모사한 모형 혹은 모델model을 작성하고 분석하는 전반적인 과정을 의미한다.

모델은 현실세계를 어떻게 모사하였는지에 따라서 종류와 범위가 달라진다. 최근 기후변화로 인해 다양한 이상 현상들이 관측되고 있지만, 우리가 관측하는 것은 관측자나 관측 시설이 존재하는 지구상의 극히 일부분을 다루게 된다.

최근, 위성영상이나 공간자료 등을 활용하여 넓은 범위에 대한 관측이 이루어지지만, 기후변화로 인한 여러 물질의 변화를 모두 파악하기는 어렵다. 또한, 관측이란 현재 및 과거 시점에서 나타나는 현상들을 파악하는 것이기 때문에 미래에 나타날 기후변화로 인한 여러 재해 및 재난, 물질 순환의 변화를 이해하기 위해서 모델링이 꼭 필요하다.

1. 모형 기초 이론

모형은 현상을 묘사한 것으로 조건 또는 원인과 결과에 대한 관계 기작에 기반한다(Bolstad, 2016). 모형은 서로 관계가 없어 보이는 부분들이 실제로는 큰 시스템에서 상호작용하고 있음을 쉽게 파악할 수 있게 해준다. 또한 물리적·시간적 한계로 현실 세계에서는 시행하기 어려운 다양한 변화 경로에 관한 반복 실험을 모의함으로써 불확실한 미래에 대한 대응책도 준비할 수 있게 돕는다.

모형은 인과관계의 기작을 밝히는 방법에 따라 과정 기반 모형process based model과 적합 모형fit model로 구분할 수 있다(그림 3-1). 적합 모형은 통계적인 회귀분석을 통해 원인 또는 영향변수에 따라 결과를 도출하는 모형이다. 보통은 여러 개의 독립변수independent variables에서 하나의 종속변수dependent variables를 추정하는 식으로 구성된다. 적합 모형은 비교적 간단하고 용이하게 제작하고 활용할 수 있다는 장점이 있지만, 대상 현상을 제대로 설명하지 못할 수 있다는 한계도 있다. 과정 기반 모형은 원인과 결과에 대한 생리학적 기작에 근거하는 것으로 대상 현상을 잘 설명할 수 있지만 조제 및 활용이 복잡하고 어려울 수 있다.

모형은 시간과 공간의 고려 여부에 따라서도 구분될 수 있다. 시간과 공간을 모두 고려하지 않는 비시공간 모형non spatio-temporal model, 시간만 고려하는 시계열 모형time series model, 공

그림 3-1. 적합 모형 그래프(a)와 과정 기반 모형의 계산 흐름도(b)

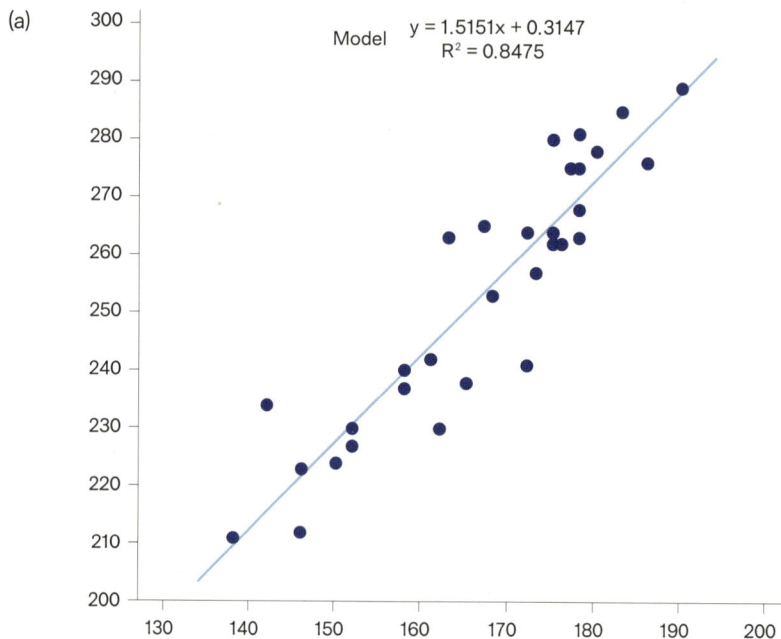

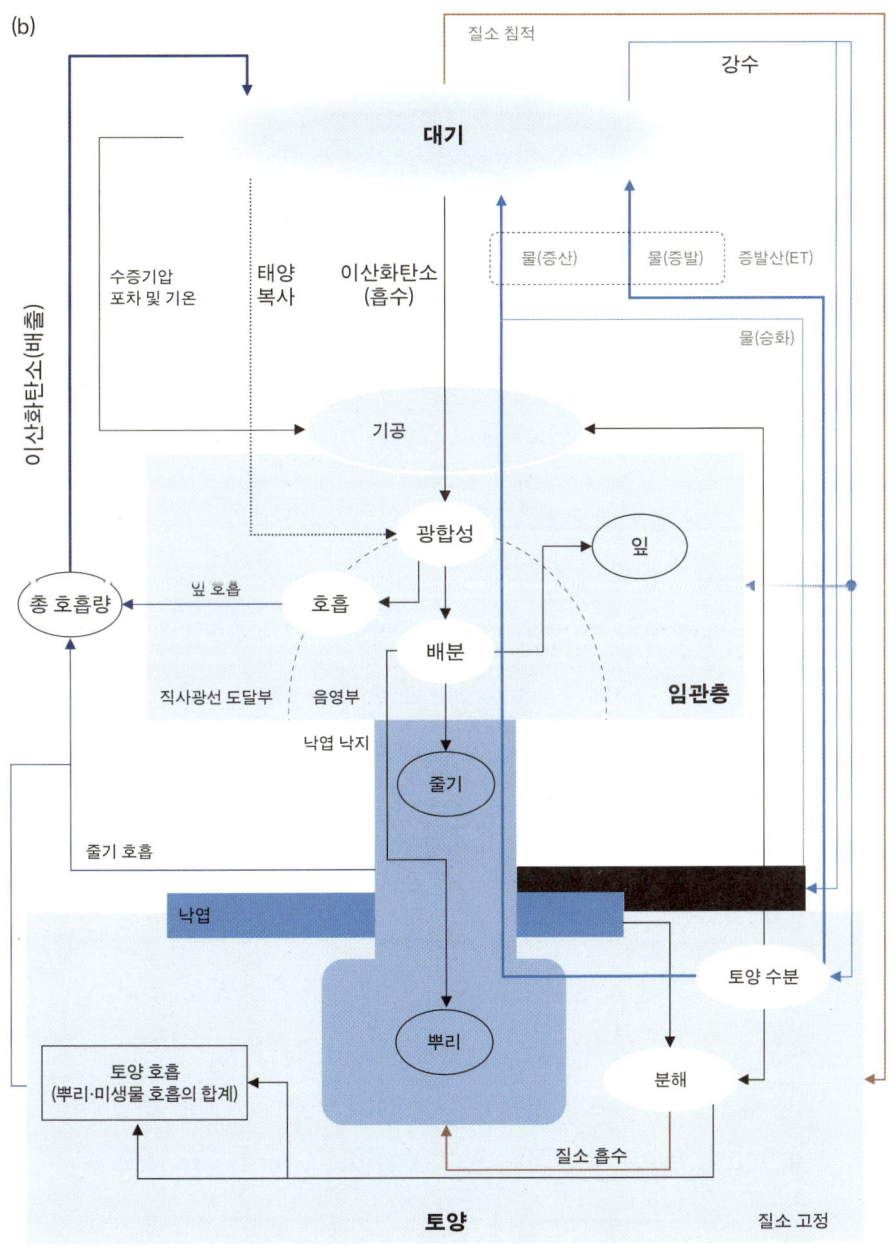

간만 고려하는 공간 또는 지도 모형cartographic model, 그리고 시간과 공간을 모두 고려하는 시공간 모형spatio-temporal model으로 나누는 것이다(그림 3-2).

　기후변화의 영향, 생태계의 물질순환과 같은 현상을 시간과 공간의 변화에 따라 규명하는 시공간 모형이 가장 완벽하다고 볼 수 있지만, 제작과 활용에 어려움이 따른다. 공간적 구분을 나타내는 공간 모형 등은 일반적으로 주제도thematic map라는 지도 형태(예: 토지피복지도, 임상도)로 제공되는데, 시간의 흐름에 따라 최신화하지 못하는 한계를 지니고 있다.

1.1. 탄소순환 모형

기후변화의 영향 및 탄소순환을 예측하는 대부분의 모형은 광합성 기작에 근거하는 생태생리적 모형eco-physiological model 또는 과정 기반 모형process based model이다. 과정 기반 모형은 다시 기후 인자와 지표면 인자를 동시에 필요로 하는 진단 모형diagnostic model, 기상 인자만 요구하는 예측 모형prognostic model으로 구분된다(Muraoka & Koizumi, 2008; Sasai et al., 2007). 진단 모형은 원격 탐사로 관측된 실제 현존식생 분포 등의 지표면 정보에 근거하여 탄소순환을 예측할 수 있다는 장점이 있다. 예측 모형은 기상 정보에 근거하여 현재와 미래의 탄소순환 정보를 예측할 수 있다. 그러나 여기에는 현존식생 등의 지표면 정보는 배제되어 있다. 해상도 면에서 보면, 기상 정보만

그림 3-2. 공간 모형의 예(유역 구분도, a)와 시공간 모형의 예(유역과 수계망 변화, b)

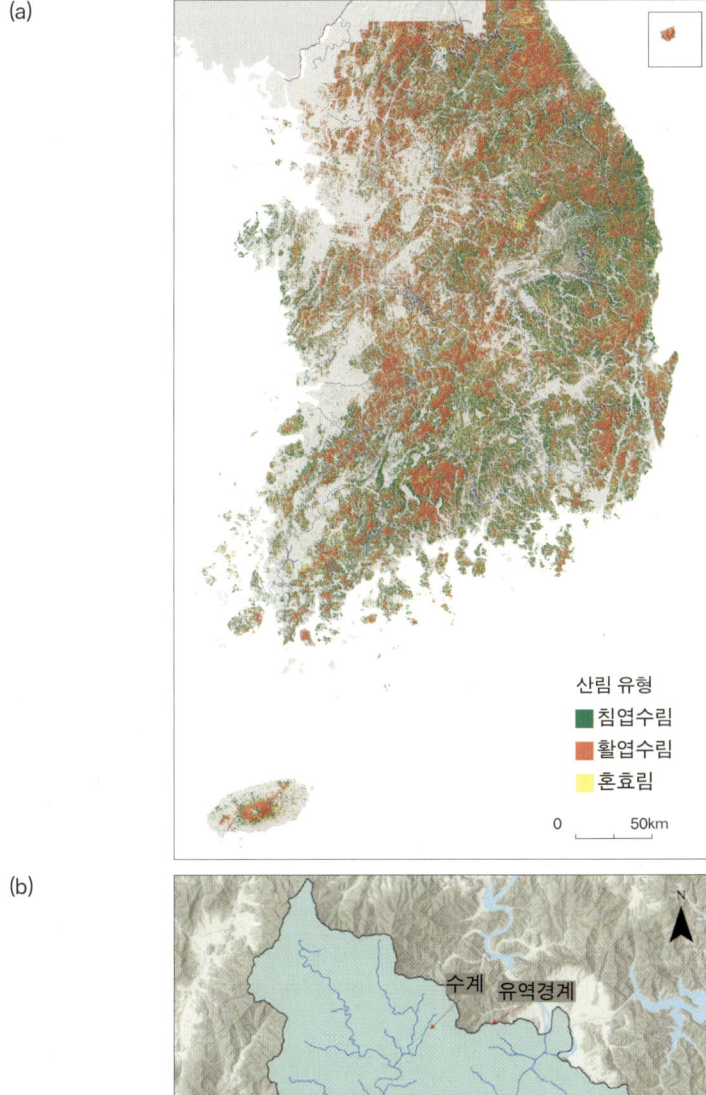

고려하는 예측 모형은 기상 특성상 넓은 지역을 포함하는 저해상도인 반면, 기상자료와 지표면의 정보를 동시에 고려하는 진단 모형은 장소 기반의 고해상도로 표출할 수 있다(그림 3-3).

그림 3-3. 기상 자료에 근거한 예측 모형(a)과 기상 및 지표면 자료에 근거한 진단 모형(b)

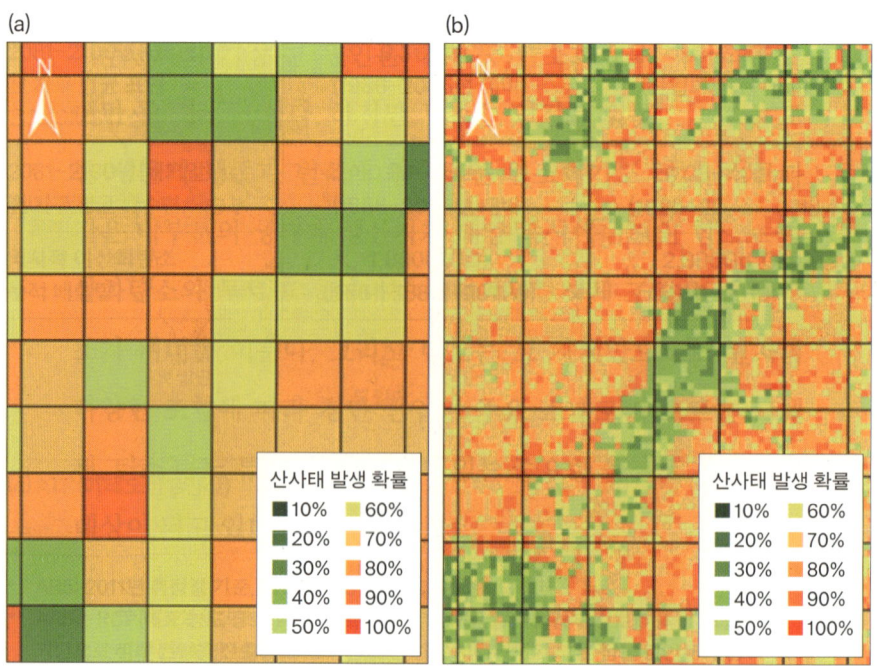

1.2. 생물권 모형

지구육상생태계의 생물권 모형은 그림 3-4과 같이 4개의 서브 모형으로 나눌 수 있다. 생물리적 모형biophysical model, 생지화학적 모형biogeochemical model, 미기후적 모형microclimate model, 식생 생산 모형vegetation production model으로 구분된다(Constable & Friend, 2000; Friend et al., 1993; Smith et al., 2008; UNEP, 1998; Wang & Javis, 1990). 생물리적 모형은 강수, 온도, 토양 유형, 식물종 등의 구동 변수 변화의 결과로 인한 생태계 속성(생물다양성의 생존과 성장 또는 생태계의 생산성) 변화 예측을 위한 모형을 의미한다. 생지화학적 모형은 이산화탄소 농도가 증가할 때 각 생태계 유형의 생산량 및 탄소 보유량을 산정하는 데 사용된다. 미기후적 모형은 대체로 경험적 통계 모형에 의해 분석된다. 예를 들어 BIOCLIM(Beaumont et al., 2005), BIOME(Haxeltine & Prentice, 1996), CASA(Potter & Klooster, 1997), PRISM(Daly et al., 1994), BOx(Box et al., 1979), Holdridge(Holdridge, 1967) 등의 모형은 통계적인 방법으로 미래 기후에 따른 식생 변화를 예측 및 진단한다.

식생 생산 모형은 일반적으로 시간에 따른 생장과 고사가 고려되어 누적 생장량 및 생산량을 분석할 수 있다.

1.3. 환경 및 생태정보학

최근에는 컴퓨팅 기술과 모형 개발 기술이 발전하면서 생태계 물질순환 기작을 밝히기 위해 과정 기반의 시공간 모형을 많이 소개하고 있다. 이러한 흐름은 환경정보학 또는 생태정보학이라는 학문으로 발전하고 있다.

환경정보학environmental informatics은 정보 기술information technology 및 컴퓨터 과학computer science을 통해 환경 문제를 해결할 수 있는 도구를 제공하는 학문이다(Avouris & Page, 1993; Hilty et al., 1993; Paul et al., 2022). 환경정보학은 데이터베이스, 사용자 인터페이스 디자인, 지리정보 시스템, 지식 처리, 인공신경망 등을 다루며 최근의 인공지능 기술artificial intelligence과 연계되는 것으로 볼 수 있다(그림 3-5). 최근에는 여기에 빅데이터, 클라우드 컴퓨팅, 인공지능, 사물 인터넷 등이 환경정보학에서 다루어야 하는 내용으로 추가되고 있다(Paul et al., 2022).

생태정보학ecological informatics도 생태 분야 연구를 지원하고 그 결과를 확산하기 위해 자료 관리data management, 분석과 통합analysis and synthesis, 소통과 정보에 기반한 결정communicating and informing decisions 등의 정보를 활용하는 기술을 다룬다(Recknagel & Michener, 2018). 최근에는 대부분의 모형 개발과 활용을 컴퓨터에 기반한다. 환경정보학과 생태정보학은 그를 위한 기초 학문으로 볼 수 있다.

그림 3-4. 육상 생태계에 대한 생물권 모형의 종류

출처: Constable & Friend, 2000; Friend et al., 1993; Smith et al., 2004; UNEP, 1998; Wang & Javis, 1990

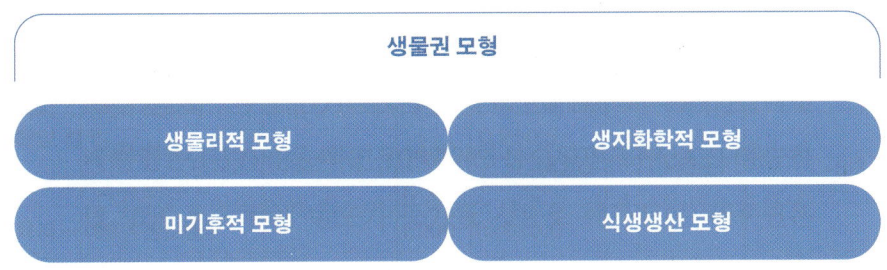

그림 3-5. 환경 문제 해결을 위한 환경정보학

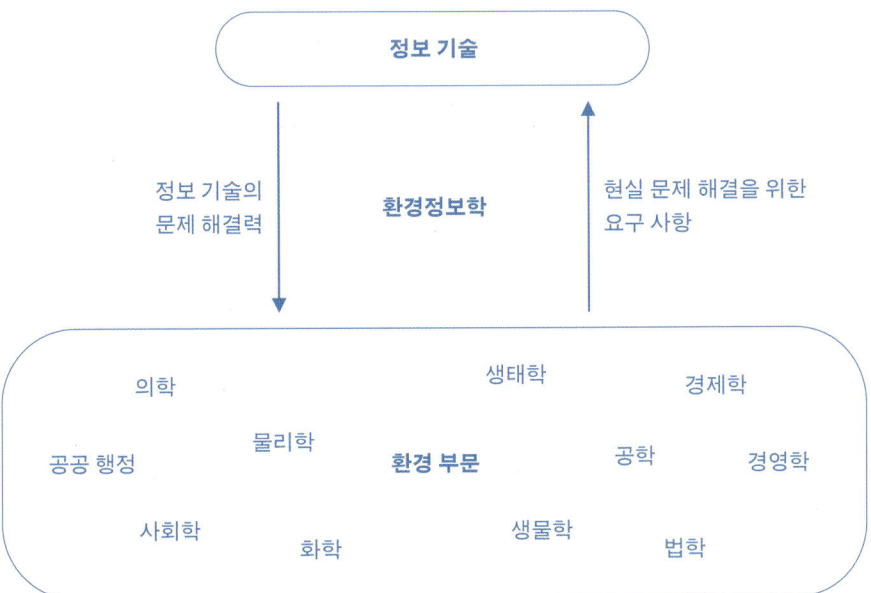

2. 평가 모형: 규모에 따른 분류

앞서 다룬 각종 물질의 현황은 다양한 관측과 모델링의 결과물이다. 관측을 통해 이들의 현황을 이해하는 것이 가장 정확하겠지만, 넓은 지역과 과거 및 미래 시점의 현황까지 모두 관측으로 파악할 수는 없다. 따라서, 현실을 가장 그럴듯하게 모사한 모형을 통해 물질의 거동과 순환 과정을 평가하게 된다. 일부 현황은 1장의 모형 기초 이론에서 언급한 것과 같이 관측에 기반한 통계적 모형에 의해 작성되기도 한다. 하지만 통계적으로 유의미한 관측값을 획득하기 어렵거나, 아주 복잡한 생물리적 인과관계가 거동 분석에서 이루어져야 하는 경우에는 과정 기반 모형을 활용하게 된다. 과정 기반 모형의 경우에는 복잡성으로 인해 개별 모형을 평가하기보다는 대기-해양-육상 등의 모든 생태계 전반에서 다양한 물질과 생물리화학적 작용을 하는 물질을 중심으로 모형을 구성하게 된다. 다만, 모델링 측면에서는 여러 물질 중 대기-해양-육상의 모든 생태계를 아우르는 순환 구조로 되어 있으며 기후변화에 밀접한 연관이 있는 물과 탄소를 가장 중요하게 다루고 있다.

기후변화 측면에서 기후 연구에 활용되는 모형은 단순한 에너지 균형을 파악하는 모형부터 복잡한 컴퓨팅이 필요한 지구시스템 모형Earth System Model, ESM까지 다양하다. 과거 기후에 대한 분석 중심인지, 미래 기후 예측이 중요한지에 따라 어떤 모형을 활용할 것인지 선택할 수 있다. 기후 측면에서 현재

IPCC에서 활용하는 것은 일반적으로 대기-해양 간의 순환을 중심으로 하는 대순환 모형General Circulation Model, GCM이다. 이 모형은 태양 에너지와 밀접하게 작용하며, 대기에서 구름을 형성하고 강수, 이후 육상 및 해양의 증발산 등 물의 순환과 밀접하게 연관이 된다. 따라서 이 모형의 모델링에는 최저 기온, 최고 기온, 평균 기온, 강수량, 기압 등의 변화가 포함된다. 또한, 대순환 모형의 경우에는 전 지구 스케일에서 분석이 이루어지기 때문에 실질적인 기후 모형은 12.5~50km의 격자 크기에서 지역적인 특성을 반영하고 해상도를 상세화한 지역 기후 모형 Regional Climate Models, RCM이 활용되고 있다.

일반적으로 대순환 모형 및 지역 기후 모형의 분석 범위가 대기, 육상, 해양, 빙하 등이라면 지구시스템 모형에서는 탄소, 오존 등의 다양한 생지화학적 순환을 포함한 분석이 이루어진다. 따라서 에어로졸, 대기 중 여러 화학물질, 육상 탄소, 해양 생지화학물질 등이 분석에 포함된다. 이 중에서 중요하게 평가되는 것이 탄소이다. 탄소는 대기 중에서는 이산화탄소로 온실효과를 만들고, 육상 및 해양에서는 다양한 동식물을 구성하는 중요한 물질이다. 탄소는 모든 유기화합물의 구성 성분이 되며 지구상의 모든 생명체에 필수적이다. 생명체는 대기 중 또는 물에 녹아 있는 이산화탄소를 통해 탄소를 공급받는다. 대부분의 육상 및 해양 식생은 광합성을 통해 이산화탄소를 고정하고 호흡을 통해 이산화탄소를 배출한다. 따라서 대기 중의 이산화탄소를 줄여 온실효과를 감소하고, 육상 및 해양에서의 흡수원을 향상하는 것이 기후변화 측면에서 아주 중요하다.

대순환 모형과 지역 기후 모형을 포함한 지구시스템 모형은 기후변화 모델링에 중요한 역할을 한다. 그렇지만 기후변화로 인해 발생하는 다양한 영향과 사회경제적인 변화에 따른 물질순환 구조를 모두 반영하지는 못한다. 따라서 이러한 부분에 대한 분석은 대부분 통합 평가 모형Integrated Assessment Model, IAM을 통해서 이루어진다. 기후변화의 다양한 영향, 취약성, 리스크 평가를 하게 된 통합 평가 모형은 지구시스템 모형이 예측하는 미래 기상 및 기후를 입력 자료로 활용하기도 하며, 통합 평가 모형에서 예측하는 다양한 결과(주로 에너지의 사용과 온실가스 배출 등)가 지구시스템 모형에서 활용되기도 한다.

반면, 소규모micro-scale 모델링에서 물질순환 거동 분석은 각 생태계에서 활용되는 모형을 통해 이루어진다. 특히, 대기 및 해양에 대한 분석이 대순환 모형 및 지역 기후 모형 차원에서 이루어지기 때문에 소규모 모형들은 육상 생태계를 중심으로 하고 있으며 산림 식생, 농업 생태계, 육상 수문 거동 등에 특화되어 물질순환을 모의하게 된다. 1990년도 이후 시공간 정보의 발달과 함께 이러한 모형들이 개발되고 적용되어 왔다. 이러한 모형들은 어느 한 지점point, 지역local, 권역region 등 공간 범위를 달리하여 활용된다. 따라서 본 장에서는 대규모macro-scale에서 널리 사용되는 지구시스템 모형, 통합 평가 모형과 소규모 모델링 중에서 널리 활용되는 일부 모형을 선별하여 소개하며 다양한 활용 사례를 제시하고자 한다.

2.1. 대규모 모형: 대기, 해양, 육상

온실가스로서 이산화탄소는 기후변화를 가속할 가능성이 높으므로 대부분의 지구시스템 모형은 탄소순환 과정과 그 영향을 모의한다(Cox et al., 2000; Friedlingstein et al., 2001). 따라서 기존의 대순환 모형 및 지역 기후 모형에 대기, 해양, 육상이 종합적으로 연계되는 지구시스템 모형을 개발하게 되었다. 지구시스템 모형은 대기-해양-육상 간의 생지화학 순환에 따른 대기 중 이산화탄소 농도 변화와 이에 따른 기후변화를 모의한다.

IPCC의 〈제6차 평가 보고서〉는 다양한 기후변화 시나리오를 기반으로 미래 기후를 예측하는데, 기본적으로 이들 시나리오는 세계 기후 연구 프로그램World Climate Research Programme, WCRP의 결합 모형 상호 비교 프로젝트Coupled Model Intercomparison project, CMIP를 통해 산출된다. 현재 〈제6차 평가 보고서〉 체계에서는 CMIP6의는 모형들이 활용되었다. 전 세계 33개 센터에서 70개 이상의 모형을 구동하며, 모형 상호 비교에 참여하고 있다. 대기, 해양, 육상, 빙하 등의 모델링 영역에서 수천 개의 변수를 갖고 모델링이 이루어진다. 또한 기상 외에 탄소, 재해 재난, 질소순환 등의 다양한 생지화학 구조를 모의한다.

표 3-1. 육지 및 해양 탄소 순환 구성요소에 초점을 맞춘 CMIP6 지구시스템 모형의 특징
출처: IPCC, 2021, p.730

모형군	CSIRO	BCC	CCCma	CESM	CNRM
지구시스템 모형	ACCESS-ESM1.5	BCC-CSM2-MR	CanESM5	CESM2	CNRM-ESM2-1
육상 탄소/생지화학 요소					
모형명	CABLE2.4 CASA-CNP	BCC-AVIM2	CLASS-CTEM	CLM5	ISBA-CTRIP
식생탄소 유형 수	3	3	3	22	6
고사탄소 유형 수	6	8	2	7	7
식생기능 종류 수	13	16	9	22	16
산불	No	No	No	Yes	Yes
식생 다이나믹	No	No	No	No	No
영구동토층 탄소	No	No	No	Yes	No
해양 탄소/생지화학 요소					
모형명	WOMBAT	MOM4_L40	CMOC (biol)	MARBL	PISCES v2-gas
식물성 플랑크톤	1	0	1	3	2
동물성 플랑크톤	1	0	1	1	2
영양소 제한	P, Fe	P	N	N, P, Si, Fe	N, P, Si, Fe

GFDL	IPSL	JAMSTEC	MPI	NorESM2-LM	UK
GFDL-ESM4	IPSL-CM6A-LR	MIROC-ES2L	MPI-ESM1.2-LR	NorESM2-LM	UKESM1-0-LL
LM4p1	ORCHIDEE (2)	MATSIRO (phys) VISIT-e(BGC)	JSBACH 3.2	CLM5	JULES-ES-1.0
6	8	3	3	3	3
4	3	6	18	7	4
6	15	13	12	21	13
Yes	No	No	Yes	Yes	No
Yes	No	No	Yes	No	Yes
No	No	Yes	Yes	Yes	Yes
COBALT v2	PISCES-v2	OECO2	HAMOCC 6	HAMOCC 5.1	MEDUSA-2.1
3	2	2	2	1	2
3	2	1	1	1	2
N, P, Si, Fe	N, P, Si, Fe	N, P, Fe	N, P, Si, FE	N, P, Si, Fe	N, Si, Fe

표 3-2. 결합 모형 상호 비교 프로젝트 5단계(CMIP5) 및 6단계(CMIP6)에 참여하는 지구시스템 모형과 각 모형에 통합된 해양/해양생지화학 모형

출처: Fu et al., 2022

CMIP5			CMIP6		
지구시스템 모형	해양 모형	해양생지화학 모형	지구시스템 모형	해양 모형	해양생지화학 모형
MPI-ESM-LR	MPI-OM (1°´1.4°)	HAMOCC v5.2	MPI-ESM1-2-LR	MPI-OM (1.5°´1.5°)	HAMOCC6
MPI-ESM-MR	MPI-OM (1.41°´0.89°)	HAMOCC v5.2	MPI-ESM1-2-HR	MPI-OM (0.4°´0.4°)	HAMOCC6
IPSL-CM5A-LR	NEMO-ORCA2 (2°´2°)	PISCES	IPSL-CM6A-LR	NEMO-eORCA1 (1°´1-1/3°)	PISCES v2
HadGEM2-ES	HadGOM2 (0.3-1°´1°)	Diat-HadOCC	UKESM1	NEMO-ORCA2 (2°´2°)	MEDUSA2
CESM1(BGC)	POP2 (1°´1°)	BEC	CESM2	POP2 (1°´1°)	BEC
NorESM1-ME	MICOM (1.125°)	HAMOCC v5.1	NorESM2	MICOM-Tripolar (0.5°´0.9°)	iHAMOCC
CNRM-CM5	NEMO-ORCA1 (1°´1°)	PISCES	CNRM-ESM2-1	NEMO-eORCA1 (1°´1°)	PISCES v2
CanESM2	CanOM4 (0.9°´1.4°)	CMOC	CanESM5	NEMO-ORCA1 (1°´1-1/3°)	CMOC
GFDL-ESM2G	isopycnal based using GOLD Tripolar (1°´1°)	TOPAZ2	GFDL-ESM4	MOM6 (0.5°)	COBALTv2
GFDL-ESM2M	MOM4-Tripolar (1°´1°)	TOPAZ2	GFDL-CM4	MOM6 (0.25°)	BLINGv2

· 지구시스템 모형

여러 모형 중 주요 과거 결합 모형 상호 비교 프로젝트 체계부터 현재까지 모델링이 이루어지는 주요 모형군은 다음과 같다. 이들을 모형군이라 일컫는 것은 대순환 모형 및 지역 기후 모형 등의 기후 모형과 여기에 연계되는 육상 및 해양의 생지화학 모형 등이 함께 지구시스템 모형의 개념에서 통칭되기 때문이다.

Community Earth System Model(CESM) 모형군, 미국

지구의 과거, 현재 및 미래 기후 상태에 대한 최첨단 컴퓨터 시뮬레이션을 제공하는 대기, 육상, 해양, 해빙 모형을 완전히 결합한 글로벌 기후 모형이다. 이 모형은 기본적으로 미국 국립대기과학연구소National Center for Atmospheric Research, NCAR에서 개발한 대기 모형인 Community Atmosphere ModelCAM과 육상 모형인 Community Land ModelCLM을 근간으로 활용한다. 해양의 경우에는 Parallel Ocean Program version 2POP2, 육상 수문 흐름은 Model for Scale Adaptive River TransportMOSART, 해빙의 경우에는 Community Ice CodECICE 등을 활용하여 모형이 구성된다. CESM은 이들 개별 모형들을 연계하여 최종적으로 기후 예측을 수행하게 된다.

Geophysical Fluid Dynamics Laboratory(GFDL) 모형군, 미국

미국의 지구물리유체역학연구소에서 개발한 GFDL 모형군은 1990년 이래로 IPCC의 기후 예측에 활용되어 왔다. GFDL의 모형군 중 최근 Global Climate Model$_{CM3}$은 기후 예측의 대기의 물리적 특성과 화학 변화를 모의하며, 새로운 지구시스템 모형군$_{ESMs}$은 생지화학 특성을 통합했다. GFDL의 물리적 기후 모형과 마찬가지로 ESMs는 육지, 해빙 및 빙산 역학을 표현하는 해양 순환 모형과 결합된 대기 순환 모형을 기반으로 한다. 특히, 탄소순환을 포함한 육상 생태계의 생지화학 순환 과정과 ESM2M 및 ESM2G 모형을 통한 해양생지화학 특성을 정밀하게 반영하고 있다.

Hadley Centre Global Environmental Model(HadGEM) 모형군, 영국

HadGEM 모형군도 기본적으로 대기-해양의 구성과 식생 변화, 해양 생물 변화, 대기화학 등을 포함한 지구시스템을 모의한다. 모형군 내의 개별 모형은 서로 다른 수준의 복잡성을 갖지만 공통의 물리적 특성을 활용하는 것이 특징이다. 현재는 HadGEM3 모형군으로 일컬어지며 Nucleus for European Modelling of the Ocean$_{NEMO}$와 CICE를 통해 해양 및 해빙의 변화를 파악하며, 프랑스 Centre of basic and applied research$_{CERFACS}$의 OASIS 모형을 통해 대기 모형과 결합이 된다. 특히, HadGEM 모형군은 우리나라와 유사한 지형적 특성을 가진 산간 지형에서도 활용되어 기후의 다운스케일링 등에 다양하게 활용되어 왔다.

Model for Interdisciplinary Research On Climate (MIROC) 모형군, 일본

MIROC 모형군은 육상 생태계의 식생 피복 변화를 예측하는 Dynamic Global Vegetation Model(DGVM)과 탄소교환 예측에 따른 식생탄소 모형 등을 결합하고, 일본 기상연구소의 대순환 모형을 기반으로 한 지구시스템 모형에 해당한다. 또한, 육상 생태계의 생지화학 특성 외에 알베도 및 잎면적지수 등의 생물리적 과정이 강조되어 있다. 따라서 여기에는 Sim-CYCLE 과 같은 육상 생태계 모형, MASTIRO와 같은 육상 표면 모형, SPRINTARS 에어로졸 모형, NPZD 해양 모형 등이 결합되며, 최종적으로 대기-해양 연계 기후 모형인 MIROC을 통해 기후 예측을 수행하게 된다.

Flexible Global Ocean-Atmosphere-Land System model (FGOALS) 모형군, 중국

FGOALS 모형군은 대기, 해양, 해빙 및 육상 모형으로 구성되어 다양한 수치 모델링으로 연계되어 있다. 2000년대 초반부터 개발되기 시작한 이 모형은 현재 격자 단위로 분석이 이루어지는 FGOALS-g2 버전으로 발전하였다. 대기 모형은 GAMIL2, 해양은 LICOM2, 해빙은 CICE 모형을 활용하고 있다. 또한, NCAR의 CLM3 모형을 활용하여 육상 생태계를 모의하고 있다. 현재 이 모형군은 기존 버전과 비교하여 기후 평균 상태 예측과 기후 변동성 분석에 용이하며, 20세기 표면 온도 변화를 모의하는 데 더욱 나은 성능을 보인다.

Max Planck Institute for Meteorology-Earth System Model (MPI-ESM) 모형군, 독일

막스플랑크기상연구소의 지구시스템 모형인 MPI-ESM 모형군은 대기 모형으로 ECAM6.3, 육상 모형으로는 JSBACH, 해양 및 해빙 하위 모형은 MPIOM을 활용한다. MPI-ESM1.2 버전에서는 OASIS3-mct 버전 3을 통해 결합이 이루어진다. 대기 및 해양 모형 간의 결합은 더 높은 시간 해상도에서 이루어져서 이전보다 더 정확하게 기상을 예측할 수 있다. 또한 하단 지형이 더 세밀하게 표현되었으며, 하천 유출은 수평 방류 모형에 의해 계산되어 전반적인 정확성이 개선되었다. 해양에서 고해상도의 자료를 확보하여 대기의 평균 상태를 더욱 정밀하게 파악하고, 다양한 대류 상태를 한층 정밀하게 표현하고 있다. 따라서 최근의 컴퓨팅 능력을 활용하여 높은 해상도에서 각 모형을 연계하고 해양 하위 모형의 개선을 이뤄낸 것이 특징이다.

· **통합 평가 모형**

지구시스템 모형과 밀접하게 연계되어 분석이 이루어지는 것이 통합 평가 모형이다. 통합 평가 모형은 인간과 지구시스템의 주요 프로세스와 상호작용을 주로 분석하며, 정책적인 시나리오 정보를 제공하는 것을 주요 목표로 한다. 따라서 생물리적 정보만을 포함하는 지구시스템 모형과는 다르게 인간 사회의 인구, 경제, 사회, 에너지, 토지이용 등의 복합적인 정보를 모두 설명하고자 한다. 따라서 불확실성이 크지만 의사결정에 도움이 되는 정보를 생성하는 데 초점이 맞춰져 있으며, 다양한 기후 정책 및 환경 평가에 활용되는 것이 특징이다.

통합 평가 모형으로서 통합 평가 모델링 컨소시엄Integrated Assessment Modeling Consortium, IAMC에 등록된 모형은 30여 개에 해당한다. 이 외에도 각 국가에서 정책 지원을 위해 활용하는 다양한 통합 평가 모형을 고려한다면 그 수는 더욱 늘어날 것으로 보인다. 이중에서 가장 널리 활용되는 모형은 IPCC의 〈제6차 평가 보고서〉와 연계하여 공통 사회경제 경로 시나리오를 구성하는 AIM, IMAGE, MESSAGE-GLOBIOM, REMIND, WITCH, GCAM 등이다.

Asia-Pacific Integrated Model(AIM), 일본

일본 국립환경연구소National Institute for Environmental Studies, NIES의 AIM은 온실가스 배출, 지구 기후변화, 기후변화 영향의 세 가지 주요 모형으로 구성된다. 각 모형들은 온실가스 배출을 추정하고 이를 조절하는 정책들을 평가하며, 배출된 온실가스 농도에 따른 지구의 평균 온도 상승과 기후변화, 그리고 아시아 태평양 지역의 자연환경 및 사회 변화에 미치는 영향을 추정하게 된다.

Integrated Model to Assess the Global Environment (IMAGE), 네덜란드

IMAGE는 네덜란드 환경평가청Planbureau voor de Leefomgeving, PBL에 의해 개발되었다. 전 세계적으로 인간 활동의 환경 영향을 파악하는 통합 모형으로 자연 생태계와 사회경제, 기후 시스템을 통합하여 분석을 수행한다. 특히 인구, 토지이용 변화, 에너지 수요 및 공급 등과 탄소, 대기순환, 식생 변화 등을 종합하여 평가가 이루어진다.

MESSAGE-GLOBIOM, 국제응용시스템분석연구소

국제응용시스템분석연구소International Institute for Applied Systems Analysis, IIASA에서 개발한 MESSAGE-GLOBIOM 모형은 에너지를 중심으로 한 Model for Energy Supply Strategy Alternatives and their General Environmental ImpactMESSAGE와 생태계 및 토지이용을 중심으로 한 GLobal BIOsphere ManagementGLOBIOM 모형이 결합되어 있는 형태

이다. MESSAGE는 온실가스 배출, 에너지 전환, 에너지 수요 등을 중심으로 에너지 정책 전반을 분석할 수 있는 모형이다. GLOBIOM은 에너지 사용에 따른 온실가스 배출 하에서 기후 변화에 따른 식량 생산, 바이오 에너지, 산림 생태계, 토지이용 등의 전반적인 변화를 모의한다.

REgional Model of Investment and Development(REMIND), 포츠담기후영향연구소

REMIND 모형은 포츠담기후영향연구소Potsdam Institute for Climate Impact Research, PIK에서 개발한 모형이다. 이 모형은 수치 모형 중 하나로 에너지 사용이 세계 기후에 미치는 영향에 초점을 맞추고 있으며, 이에 따른 세계의 사회경제 변화를 분석한다. 인구, 기술, 정책 및 기후변화 등을 고려하여 각 지역의 경제 및 에너지 부문에 대한 최적의 수요 및 공급, 투지 전략 등을 파악할 수 있도록 지원하는 모형으로, 인간 활동으로 인한 모든 온실가스 배출을 계산하고자 하는 모형이다. 따라서 지역 경제, 토지이용, 에너지 시스템, 기후 시스템 등을 종합적으로 분석하게 된다.

World Induced Technical Change Hybrid(WITCH), 유럽경제환경연구소

WITCH 모형은 유럽경제환경연구소European Institute on Economics and the Environment, EIEE에서 운용 중이다. 이 모형은 기후변화에 대한 여러 요소를 동적으로 연계하는 모형으로 REMIND 모형의 기후 모형과 GLOBIOM의 토지이용 및 임업 모형 등을 활용하여 경제적 최적 성장 모형에 통합하여 거시경제 측면에서 발생하는 다양한 영향을 분석한다. 특히, 미래 기후변화 적응에 대한 투자와 손실 등을 파악하여 온실가스 감축 및 기후변화 적응 등에 대한 상호 관계를 파악하는 데 용이하게 활용된다.

Global Change Analysis Model(GCAM), 퍼시픽노스웨스트국립연구소

GCAM은 퍼시픽노스웨스트국립연구소Pacific Northwest National Laboratory, PNNL에서 개발한 시장 균형 모형으로 2100년까지 5년 단위로 구동된다. 여기에는 작물 수요 및 생산, 기술 변화, 에너지 수요 및 공급, 수문 균형 등에 대한 분석이 포함되며, 지역적 에너지 수요 변화가 타 지역의 에너지 및 토지이용 변화 등에 미치는 영향 등이 분석된다. 특히, GCAM은 오픈 소스로 활용할 수 있는 모형으로서 경제, 에너지, 산림, 농업, 지구시스템 등 다양한 분야에 걸친 모델링에 활용된다.

표 3-3. AR6 데이터베이스에 기여한 통합평가 모형의 온실가스 배출량 출력값 비교

출처: IPCC, 2022b, p.1865

온실가스 배출 평가 분야	AIM	C3IAM 2.0	COFFEE 1.1	EPPA 6	IMAGE 3.0 & 3.2	IMACLIM	GCAM	GENeSYS-MOD	GMM (Global MARKAL Model)	McKinsey 1.0	MERGE-ETL	MESSAGEix-GLOBIOM 1.1	MUSE 1.0	POLES	PROMETHEUS	TIAM-ECN 1.1	REmap GRO2020	REMIND 2.1 - MAgPIE 4.2	WEM (World Energy Model)	WITCH
CO_2 에너지	a	a	a	a	a	a	a	a	a	a	a	a	a	a	a	a	a	a	a	a
CO_2 산업공정	a	d	a	a	a	b	a	e	d	a	a	a	a	a	c	a	a	d	a	b
CO_2 토지이용변화	a	d	a	a	a	b	a	e	e	c	d	a	e	a	d	e	a	d	a	c
CH_4 화석연료 연소	a	a	a	a	a	b	a	e	e	c	a	a	a	a	c	a	e	a	a	a
CH_4 화석연료 비산 배출	a	d	a	a	a	b	a	e	e	c	a	a	a	a	c	a	e	c	e	d
CH_4 바이오제닉스	a	e	a	a	a	b	a	e	e	a	d	a	e	d	b	a	e	d	e	c
N_2O	a	d	a	a	a	b	a	e	e	e	a	a	a	a	d	c	a	e	e	c
HFCs	d	e	e	a	a	e	a	e	e	e	d	d	e	c	d	e	e	e	e	d
PFCs	d	e	e	a	a	e	a	e	e	e	d	e	e	c	d	e	e	e	e	d
SF_6	d	e	e	a	a	e	a	e	e	e	d	e	e	c	d	e	e	e	e	d
SO_2	a	a	e	d	a	e	a	e	e	e	d	a	e	a	e	e	e	a	a	a
블랙카본	a	d	e	d	a	e	a	e	e	e	d	a	e	a	e	e	e	e	a	a
유기탄소	a	d	e	d	a	e	a	e	e	e	d	a	e	a	e	e	e	e	a	a
비메탄 휘발성 유기화합물(NMVOC)	a	a	e	d	a	e	a	e	e	e	d	a	e	a	e	e	e	e	a	a

a: 연료와 관계된, 혹은 관계없이 명시된 기술과 연계된 배출 계수
b: 다른 배출과 연계된 배출 계수
c: 기술군의 평균 배출 계수
d: 부문별 배출 계수
e: 대표성 없음

3장. 물질순환 모형

2.2. 소규모 모형: (대기[수문 등 포함]) 토양, 식생

지구시스템 모형이 전 지구 규모의 기후 및 자연적 변화를 평가한다면 통합 평가 모형의 경우에는 지구시스템 모형 등에서 평가되는 자연생태적 물질순환의 거동 외에 사회경제 및 정책적 요인까지 평가하게 된다. 하지만 지구시스템 모형 및 IAM 은 여러 모형을 유기적으로 결합한 모형군의 형태이다. 그래서 소규모 모형 연구에서는 각각의 대기, 수문, 토양, 식생 등의 세부 모형을 활용하게 된다. 세부 모형들은 각 생태계를 더욱 면밀하게 이해하고 세밀하게 분석할 수 있게 한다. 이러한 세부 모형의 결과값들은 지구시스템 모형 및 통합 평가 모형 등의 입력 자료로도 활용된다.

소규모 모형 연구에서 각 모형은 기본적으로 대기 중의 온실가스 농도, 기온, 강수 등의 영향을 인자로 포함하며, 토양의 특성과 식생의 특성 등을 반영하여 모델링을 수행한다. 따라서 각각의 정도의 차이는 있으나, 대기-토양-식생 간의 상호작용을 모의하게 된다. 그러나 생태계별로 초점을 맞추는 것이 상이하다. 주로 자연 생태계로 구성되는 산림 및 초지 생태계의 경우에는 일차 생산성을 비롯하여 광합성 효율을 중요하게 여긴다. 탄소에 대한 요소를 집중적으로 파악한다면, 비료 시비 등 인위적 요인이 발생하는 농업 생태계의 경우에는 위 생태적 과정 외에도 질소 시비 및 다양한 관수 방법 등에 대한 특성도 반영하는 차이가 있다.

· 산림 및 초지 생태계

Carbon Exchange between Vegetation, Soil & the Atmosphere(CEVSA)

CEVSA 모형은 생물물리, 식물생리생장, 토양탄질전환의 현상을 결합하여 기후 조건이 생태계에 미치는 영향을 평가하는 모형이다. 대기, 토양, 식생 등 전반에 걸쳐 분석이 이루어지는 모형으로 온도, 습도, 운량, 이산화탄소 농도 등의 기후 인자와 질소 침강 비율, 토양 파라미터 등의 토양 인자, 식생 유형 등에 대한 식생 인자가 입력되며, 생태계의 물, 탄소, 질소 순환 및 순일차 생산량과 순생태계 생산량을 모의할 수 있다.

MAPSS-Century1 Dynamic Vegetation(MC1)

MC1 모형은 식생의 변화에 미치는 기후변화의 효과를 예측하는 모형이다. 대기, 토양, 식생과 연계되는 연구팀인 Mapped Atmosphere-Plant-Soil System MAPSS이 주축이 되어 개발된 모형으로 넓은 지역에서 탄소 고정과 가뭄과 산불 등을 모의하게 된다. 또한, 재해에 따른 산림의 천이를 모듈로 구성하여 분석이 이루어져 식생 변화를 파악하는데 용이하다. 세부적으로는 생물지리학, 생물지구화학, 화재를 모의하는 세 가지 모듈로 구성되며 지역 단위부터 전 지구적 범위까지 응용할 수 있는 것이 모형의 특징이다.

Vegetation Integrated Simulator for Trace gases(VISIT)

VISIT 모형은 과정 기반 모형으로 이산화탄소와 메탄, 아산화질소 등의 대기 중 온실가스들의 식생 및 생태계 교환량에 대한 시뮬레이션을 주요 모델링의 대상으로 삼고 있다. 이 모형은 일부 토양 특성을 반영하기는 하지만, 주로 기후 상태에 따른 대기 상태와 생태계 간의 생지화학적 순환을 중점적으로 분석한다. 특히, VISIT 모형은 공간적으로 한 지점에서부터 전 지구 규모까지 시뮬레이션할 수 있으며 시간 상으로는 일별에서부터 월별까지 토지이용의 변화(경작지의 증가)에 의한 영향을 모의할 수 있다.

Biome-Biogeochemistry(BIOME-BGC)

BIOME-BGC 모형은 육상 생태계의 식생, 고사목, 토양 수분, 탄소, 질소 저장량 등을 시뮬레이션하는 컴퓨터 모형이다. 특히 생태계의 생물리적 과정을 모사하는 과정 기반 모형으로, 식생의 생장, 낙엽과 토양 분해, 잎 기공에서의 증발산, 대기 중 이산화탄소와 광합성량, 질소 흡수 및 분배, 고사율 등을 종합적으로 모의하는 모형이다. 일 단위로 구동이 되는 이 모형은 일정 대기 상태 및 기후에 따른 식생 및 토양의 변화를 파악하며, 특정 생태계 및 지역 단위의 분석에 주로 활용된다. 각각의 식생 특성을 지정해야 하는 만큼, 개별 식생 및 생태적 특성 반영이 용이하다고 할 수 있다. BIOME-BGC 모형은 오픈 소스로 공개되고 다양한 버전으로 개선되어서 전 세계에서 널리 활용되고 있다.

Dynamic Global Vegetation Model(DGVM)

DGVM 모형은 기후변화에 따른 식생의 잠재적인 생지화학 및 수문학적 순환 관계를 분석하기 위한 모형이다. BIOME 계열의 모형과 유사하며 LPJ, MC1, HYBRID, CLM-DVGM 등 타 모형과 다양하게 연계되어 변형된 모형이라고 할 수 있다. 특히, 개선된 각 모형별로 분석의 시간 단위가 상이하고 광합성량, 생산량, 질소 및 에너지 상관관계, 고사율 등이 다양하게 분석되는 것으로 구성되어 있다. LPJ 모형을 기준으로 설명하면, 식물의 구조, 다양한 토양 및 생지화학 구조 등이 포함된다. 격자별로 월별 기후, 토양 정보, 대기 중 CO_2 농도 등을 입력하면 기상자료 등에 따라 각 잠재증발산량과 월별 토양 온도를 산출하고 이를 기반으로 총 일차 생산량과 호흡 등의 전반적인 순환 관계를 탄소를 중심으로 평가하게 된다.

Carbon Budget Model of the Canadian Forest Sector (CBM-CFC3)

CBM-CFS3는 생장 모형을 기반으로 산림의 탄소수지를 추정 및 예측하는 모형으로 2005년 캐나다 산림청에서 개발했다. 임분의 수확표yield table를 기반으로 임분의 바이오매스, 고사유기물, 토양탄소 등을 추정하여 현재 및 미래의 탄소수지 변화량을 예측한다. 최근에는 공간 분석 등을 추가한 G(generic)CBM이 개발되어 일차 생산량 등을 포함한 예측할 수 있도록 진화 중이다. 교토의정서 및 IPCC 지침의 요구사항을 반영하여 산림탄소 흡수량을 계량함으로써 국가 온실가스 인벤토리 작성 및 기후변화 협상을 위한 기초 자료를 제공하는 데에도 활용되고 있다.

Global Forestry Model(G4M)

오스트리아의 국제응용시스템분석연구소에서 개발한 모형이다. 산림생장 모형을 기반으로 기상, 지형, 산림, 토지피복 등과 같은 환경인자뿐만 아니라, 인구 밀도, 부후 등급, 목재 수급률과 가격 등 사회경제적 인자를 포함하여 미래의 산림생장과 임목축적, 목재생산량 등을 예측할 수 있는 생-물리적 동적 평형 모형이다. 국가 및 전 세계 단위로 분석하며, 유럽연합의 정책을 평가하는 데 활용된다. 벌채와 조림 등의 산림관리 시나리오를 적용할 수 있기 때문에 탄소를 중심으로 한 평가가 이루어진다.

그림 3-6. G4M 모형을 활용하여 예측한 RCP4.5 시나리오의 북한 식생 순 일차생산성(NPP)
출처: Park, 2021

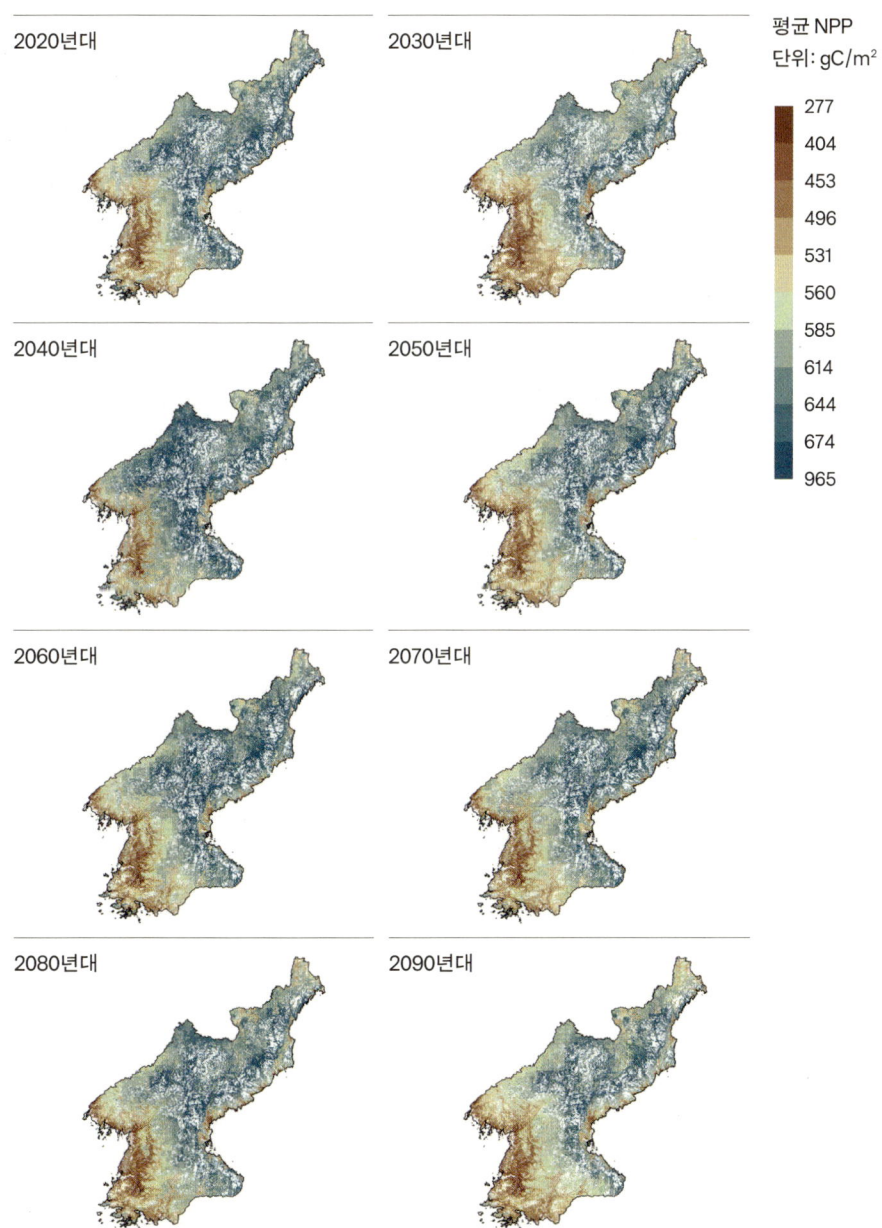

· 농업 생태계

Decision Support System for Agrotechnology Transfer (DSSAT)

DSSAT 모형은 품종, 기상, 토양 관련 입력 자료를 활용하여 농경지의 수분 및 양분의 순환, 작물의 광합성 등의 생물리적인 과정을 수식으로 정의한 모형이다. 따라서, 농업 생산성 및 생체중, 증발산량 및 토양 양분의 변화량 등을 예측할 수 있다. 전세계적으로 널리 사용되며, 동아시아 지역에서 다수의 연구가 수행된 바 있다. 기후변화에 대한 작물 수량과 수분 효율성에 대한 반응, 온실가스 측정 등에 대한 연구에 활용되고 있다. 국내에서도 DSSAT이 도입되어 벼, 콩, 보리 등 주요 작물의 기후변화 영향에 대한 연구가 이루어진 바 있다.

Environmental Policy Integrated Climate (EPIC)

EPIC 모형은 각 작물의 고유한 변수 값을 활용하여 다양한 농업 관리 결정이 토양, 물, 양분 순환에 미치는 영향을 파악하고, 토양 손실, 수질, 농작물 수확량 등을 분석하는 데 활용된다. 80여 가지가 넘는 다양한 종류의 작물을 대상으로 생산성을 예측할 수 있으며, 공간 정보를 활용할 수 있는 인터페이스도 개발되어 널리 활용되는 모형이다. 기후변화 측면에서는 미래 기후 자료를 활용하여 분석이 이루어지며, 기본적으로 토양 중심의 모형으로 여러 수분 및 양분 스트레스를 계산할 수 있는 것으로 알려져 있다.

그림 3-7. EPIC 모형을 활용하여 추정한 북한의 산림 황폐화와 농업 부문 물 수요
출처: Lim et al., 2019

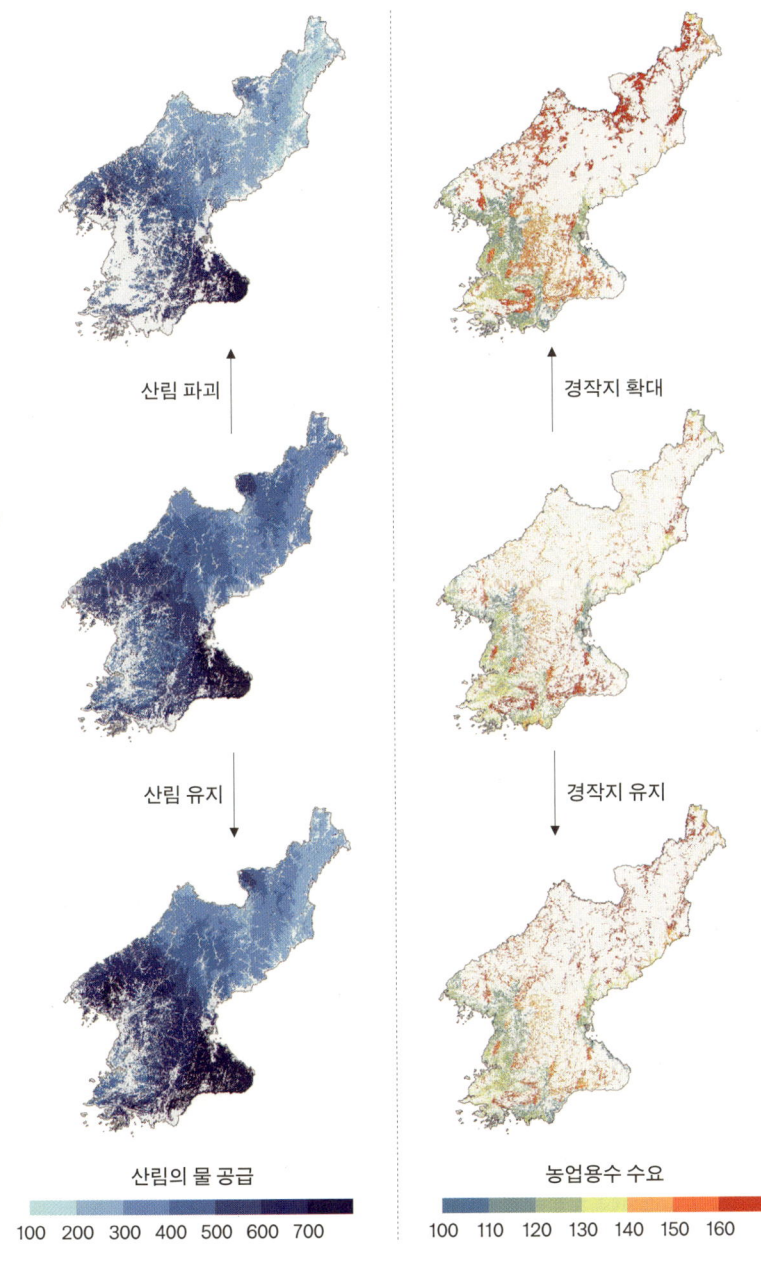

· 수문 모형

Soil and Water Assessment Tool(SWAT)

SWAT 모형은 수문·수질 분석을 위한 모형으로 미국 농무성 농업연구소USDA Agricultural Research Service, ARS에서 개발되었다. 이 모형은 지형 자료와 기상 자료, 강우 자료를 이용하여 육상의 물리적 수문 변화와 생지화학적 변화를 파악하는 데 활용되어 왔다. 유역 관리, 유역 크기, 공간적 분포, 유출, 수질, 오염 물질 이동, 기후변화, 식생변화, 저수지 관리, 지하수 추출, 수분 이동, 양분순환, 침식, 침전물 이동 등에 대한 여러 상호작용을 분석한다.

2.3. 모형별 입출력 인자

각 모형은 많게는 50~100여개, 적게는 10개 이내의 입력 자료를 활용한다. 전 지구를 대상으로 한 지구시스템 모형, 대순환 모형, 통합 평가 모형 등 대규모 모형에 대한 입출력 자료가 갈수록 복잡해지는 특성이 있고, 세부 모형으로 갈수록 입출력 인자의 수가 적어진다. 이 외에도 모형의 입출력 인자의 수는 모형의 구조나 특성에 따라 변하기도 한다. 일부 주요 변수를 통해 회귀식을 활용한 모형의 경우는 주요 변수를 입력 인자로 하여 목적한 결과를 도출하기에 비교적 적은 수의 입출력 인자를 가진다. 하지만, 생태계의 구조나 생지화학적 반응 등의 상호관계를 모사한 과정 기반 모형의 경우는 수많은 입력 자료와 관련된 출력 자료를 갖게 된다. 이는 생태적 특징과 과정 하나 하나를 모두 모사하기 때문이며, 과정을 모의하는 과정에서 이전의 결과물이 다음의 생태적 과정에 전달되어 새로운 결과물을 제공하기 때문이다.

입출력 인자를 정확하게 파악하려면 개별 모형을 개발한 연구진이 작성한 개별 문서를 비롯하여 다양한 사례를 검토하는 것이 필요하다. 하지만 각 모형의 특성을 감안하여 볼 때 공통적인 입출력 인자를 파악할 수 있다. 우선 지구시스템 모형군, 대순환 모형군, 지역 기후 모형군 등을 중심으로 살펴보면 해당 모형은 물리적 요소와 화학적 요소 등을 고르게 활용한다. 기본적으로 태양에너지의 지구 유입과 복사열에 대한 수치를 입력 자료로 하며, 이 과정에서 지구의 궤도 및 세차 운동 등에 대한 요소부터 대기의 구성 등에 대한 요인을 복합적으로 파악한다. 또한, 대기 중의 물질 구성과 화학적인 상호 반응을 모의하며 기온, 강수, 기압 등에 대한 내용을 결과로 함과 동시에 입력 자료로 활용한다. 지형과 관련된 요소도 주요한 입력 자료로 활용되는데, 지표면의 상태를 비롯하여 고도에 따른 기온 감률, 사면 방향에 따른 열에너지의 변화 등을 종합적으로 분석한다.

반면 생태계 모형의 경우에는 생태적 특성을 입력 자료로 더 많이 활용한다. 토양의 토성, 토심 등을 비롯하여, 각 수종의 특성을 반영한 계수를 활용한다. 또한 화학적인 작용에 따라서 양분이 어떻게 축적되는지, 증발산 등으로 인한 수문 효율과

이에 따른 식생 호흡량, 그리고 관련된 분해 작용 등에 대한 내용을 입출력 자료로 활용한다. 따라서 생물리적, 혹은 생지화학적인 요소들을 파악하게 된다. 통합 평가 모형군 및 에너지와 경제 모형의 경우에는 이들 토지 모형 등과 결합하여 사회경제적인 에너지 수요를 입력 자료로 하고, 각 모형의 결과를 종합하는 정책적인 요소들을 활용하게 된다. 최근에는 사회경제 시나리오가 강조됨에 따라서 내레이션과 같은 상황 가정 등의 요인들도 입력 자료에 활용된다. 따라서 개별 모형의 출력 자료가 통합된 상위 모형의 입력 자료가 되는 등 입출력 자료의 연계 과정은 복잡하게 구성된다.

이들 입출력 자료는 모두 복잡한 상호관계를 맺고 있으나, 물질순환과 연계하여 살펴보면 가장 중요한 것은 에너지 변화에 따른 생지화학적 작용이라고 할 수 있다. 특히, 입출력 자료는 생지화학적 순환 과정에서 중요한 순환 체계를 이루는 물순환, 탄소순환 등에 영향을 주는 요인들을 주로 활용하게 된다. 물순환의 경우에는 강수와 증발산에 영향을 주는 여러 기온, 기압, 대기의 활동과 식생의 수문 효율 등에 대한 정보를 비롯하여 지형에 따른 물의 이동 등을 주요 입출력 자료로 활용한다. 여기에 물에 녹거나 화학 반응을 하는 다양한 물질들의 요소를 입출력 자료로 하여 다양한 순환 과정을 모의하게 된다. 중요한 순환 과정의 하나인 탄소순환의 경우에는 대기로의 이산화탄소 배출 내역, 대기의 거동에 따른 이산화탄소의 온실가스 효과 등을 종합적으로 파악하며, 식생 및 흡수원에서의 물

그림 3-8. IAM, RCM, GCM, ESM 비교

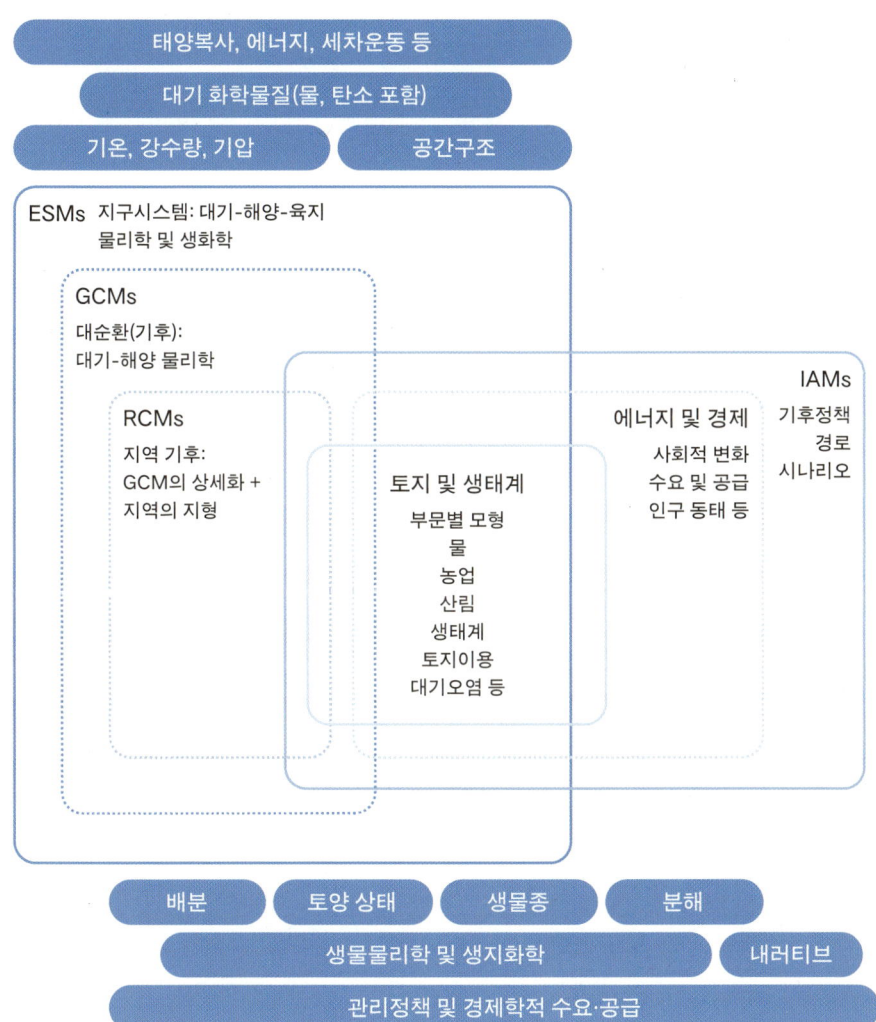

그림 3-9. 생물권의 물질·에너지 입출력 모형
출처: Falkowski, Fenchel & Delong, 2008

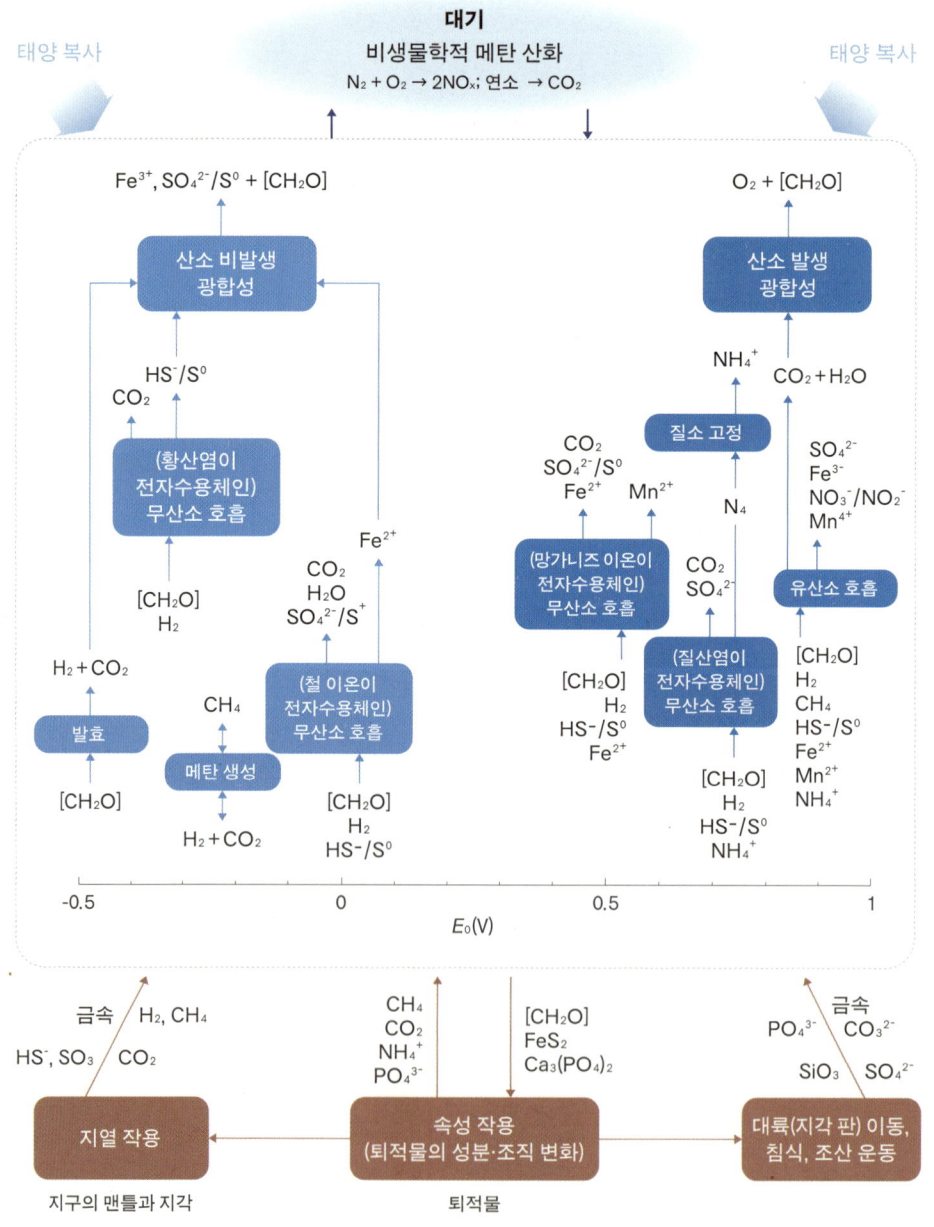

질 교환 등에 대한 인자가 입출력 자료가 된다. 특히, 식생의 생장 효율은 그 자체로 탄소를 고정하는 입력 자료가 되며, 반대로 생장량 자체는 주요한 출력 자료 역할을 한다.

물질순환 과정에는 생지화학적 과정에 영향을 주는 입출력 자료 외에도 사회경제적인 다양한 입출력 자료가 존재한다. 특히 인위적으로 배출되는 온실가스의 양은 에너지 자원 수요 등에서 기인하는데 이들 자료의 경우는 수요와 공급 등을 고려한 사회의 자원 요구에 따라 결정된다. 가용한 자료의 공급량 또한 모형을 통해 분석할 수 있다. 이들은 각기 여러 모형의 입력 자료로 활용되기도 하며, 그 자체로 수요 공급을 결정하는 주요한 출력 인자가 된다. 특히, 자연에 대한 인간의 관리 행위가 늘어나면서 모델링 과정에 다양한 입출력 인자가 활용된다.

앞서 언급된 모형들은 현재도 계속 고도화되고 있다. 분석 대상 및 규모와 관계없이 최근 밝혀진 기후변화에 대한 과학적인 사실들을 반영하고, 더 현실적인 미래를 추정할 수 있는 모형으로 변화하는 추세이다. 또한, 기후 시나리오 및 사회경제 시나리오 등을 더욱 다양하게 반영할 수 있도록 개선되고 있다. 특히, 생태계 모형 및 물질 순환 과정 기반 모형들은 최근 여러 모형이 기작을 통합하는 앙상블ensemble 모델링을 추구하고 있으며, 더 나아가 각기 다른 기작 및 모형 설계를 융합하여 분석하는 하이브리드hybrid 모델링으로 나가고 있다(Geary et al., 2020). 따라서 기후변화에 따른 물질 거동을 정확히 파악하기 위해서는 앞으로 모델링 방법의 지속적인 개발이 요구된다.

**그림 3-10. 인위적 및 자연적 토지 이산화탄소 플럭스 추정 방법:
전 지구 모형(부기簿記 모형 및 동적 글로벌 식생 모형)과 국가별 온실가스 인벤토리 비교**
출처: Grassi et al., 2023

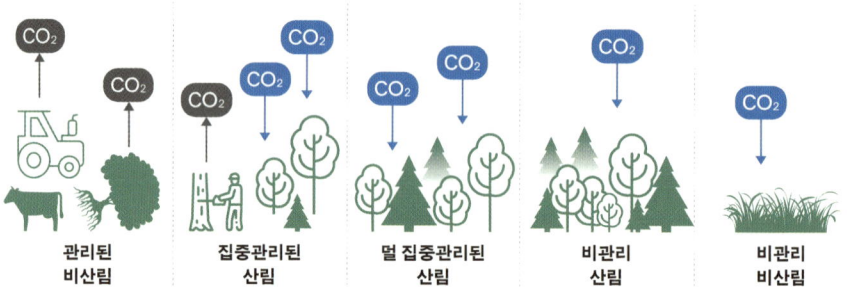

3. 물질순환시스템 연구 방향

3.1. 기후위기 관련 연구 방향

2023년 종합보고서 채택을 끝으로 IPCC의 〈제6차 평가 보고서〉가 마무리되었다. IPCC의 기후 연구에 기초가 되는 모형과 데이터를 제공하는 결합 모형 상호비교 프로젝트Coupled Model Intercomparison Project, CMIP는 이제 〈제7차 평가 보고서, AR7〉를 준비하는 과학자들을 위해 7단계, 즉 CMIP7을 준비하고 있다. CMIP6의 경험을 통해 CMIP7에서 개선되어야 할 점, 혹은 새로 도입해야 하는 점을 몇 가지 정리한다.

CMIP의 상위기구인 세계 기후 연구 프로그램World Climate Research Programme, WCRP이 신설한 국제 프로젝트 사무소International Project Office, CMIP IPO가 CMIP7 준비의 실무를 맡았다. CMIP IPO에 따르면 CMIP6은 전 세계 기후과학자들이 함께 활용할 수 있는 데이터 인프라를 구축한 기존의 업적 외에도, CMIP6를 통해 신생 제약조건emergent constraints을 도입했다. 이로써 CMIP6는 132개에 달하는 서로 다른 모형의 기후 예측값이 과거 경험치의 한계를 벗어나지 않게 하여 모형의 신뢰도를 높이는 등 몇 가지 성과를 거두었다.

그러나 개선할 점도 많아서, CMIP은 CMIP6 사용자 설문조사에서 강조된 CMIP7에 대한 기대사항을 반영할 계획이다. 우선 기후과학자들은 IPCC의 〈제7차 평가보고서〉 시간표에

그림 3-11. CMIP7 관련 업무 및 데이터 흐름
출처: CMIP IPO, 2023

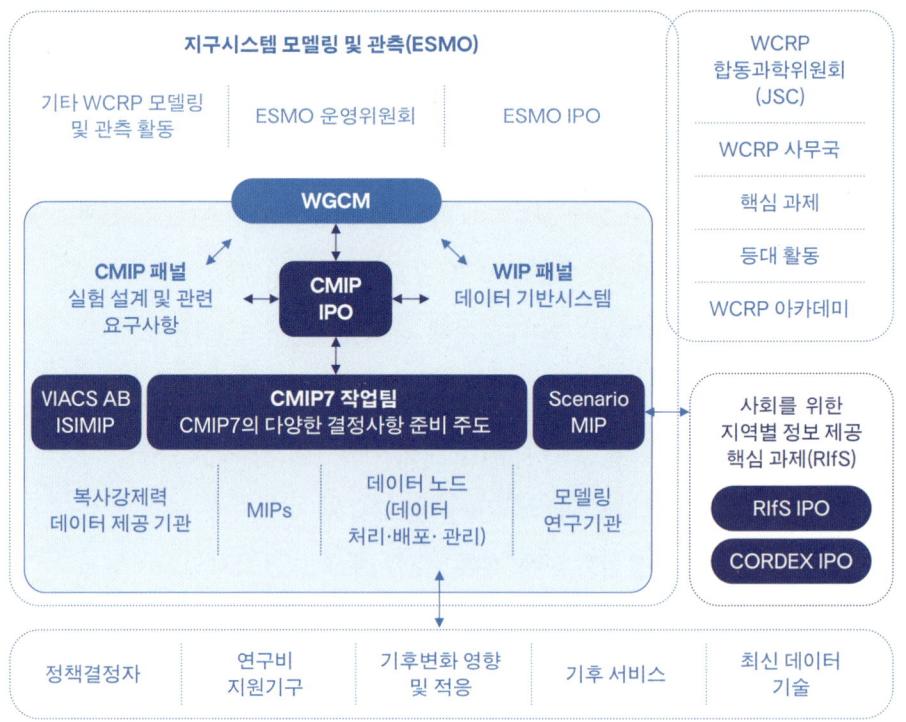

CMIP
Coupled Model Intercomparison Project:
결합 모형 상호비교 프로젝트

CORDEX
Coordinated Regional Climate Downscaling Experiment:
지역 기후 상세화 연합 실험

IPO
International Project Office:
국제프로젝트사무소

ISIMIP
Inter-Sectoral Impact Model Intercomparison Project:
부문 간 영향 모형 상호비교 프로젝트

MIP
Model Intercomparison Project:
다양한 모형 상호비교 프로젝트

bs4MIPs
Observations for Model Intercomparisons Project:
MIP을 위한 각종 관측값

ScenarioMIP
Scenario Model Intercomparison Project:
시나리오 모형 상호비교 프로젝트

VIACS AB
Vulnerability, Impacts, Adaptation and Climate Services Advisory Board:
취약성, 영향, 적응 및 기후서비스 자문위원회

WCRP
World Climate Research Programme:
세계 기후 연구 프로그램

WGCM
Working Group on Climate Modelling:
기후 모델링 실무그룹

WIP
Working Group on Climate Modelling Infrastructure Panel:
WGCM의 기반 시스템 패널

맞추어 결과를 얻을 수 있도록 모형마다 요구하는 실험을 간소화하기를 희망했다. 그리고 3개의 실무그룹 사이의 데이터 교류가 원활해져야 함을 강조했다.

CMIP6에서 실무그룹 사이의 의사소통이 간단하지 않았음은 잔여 탄소예산remaining carbon budget, RCB에 대한 제1실무그룹과 제3실무그룹 사이의 결론 차이에서 간접적으로 알 수 있었다. 2022년 말에 전 지구 탄소 프로젝트GCP에서 전 지구 탄소예산을 발표했다. 이때 GCP는 제1실무그룹의 결론에 맞추어 2023년 1월 1일 기준으로 지구온난화를 산업화 이전 대비 1.5℃ 이내로 억제할 수 있는 확률이 50%인 잔여 탄소예산이 이산화탄소 3,800억 톤이라고 발표했다(Friedlingstein et al., 2022). 그러자 즉각 제3실무그룹의 과학자들이 〈카본 브리프Carbon Brief〉에 반론을 실어서 잔여 탄소예산은 이산화탄소 2,600억 톤에 불과하다고 주장했다(Forster et al., 2022). 이 논쟁은 최근에 나온 논문을 통해 제3실무그룹의 추정이 더 힘을 얻는 것으로 정리되는 듯하다. IPCC 내부에서 실무그룹 사이에서 중요한 수치가 서로 상당히 다르게 제시되면 시민뿐만 아니라 정책 결정자들에게도 혼란을 일으킬 수 있으니 CMIP7에서 추구하는 실무그룹 사이의 데이터 교류가 IPCC 보고서의 신뢰도를 더 높일 것으로 기대된다.

CMIP7의 변화에서 또 한 가지 반가운 것은 탄소발자국 감축 목표다. 기후과학자들은 전 지구의 탈탄소화가 시급하다고 호소하면서도 기후 모형의 에너지 소비 및 기후과학자들

표 3-4. 지구온난화 수준 1.5, 1.7, 2.0℃에 대한 기준 연도별 잔여 탄소예산(RCB) 추정치
단위: $GtCO_2$
출처: Forster et al., 2023

누적 CO_2 배출량 (1850~2019)	2390 (±240; 가능성 높음 [66 %~100 % 확률] 범위)				
조건/업데이트 항목	기준년	기준년 시작일 시준 RCB			
조건별 지구온난화 억제 목표 달성 가능도		17%	33%	50%	67%	83%
AR6 WGI의 지구온난화 수준 1.5℃ RCB	2020	900	650	500	400	300
· AR6 에뮬레이터 업데이트	2020	750	500	400	300	200
· AR6 시나리오 업데이트	2020	750	500	400	300	200
· 지난 10년(2013~2022) 온난화 반영	**2023**	**500**	**300**	**250**	**150**	**100**
AR6 WGI의 지구온난화 수준 1.7℃ RCB	2020	1,450	1,050	850	700	550
· AR6 에뮬레이터 업데이트	2020	1,250	900	700	600	450
· AR6 시나리오 업데이트	2020	1,300	950	750	600	500
· 지난 10년(2013~2022) 온난화 반영	2023	1,100	800	600	500	350
AR6 WGI의 지구온난화 수준 2℃ RCB	2020	2,300	1,700	1,350	1,150	900
· AR6 에뮬레이터 업데이트	2020	2,050	1,500	1,200	1,000	800
· AR6 시나리오 업데이트	2020	2,200	1,650	1,300	1,100	900
· 지난 10년(2013~2022) 온난화 반영	2023	2,000	1,450	1,150	950	800

의 장거리 이동과 그에 따른 온실가스 배출량 급증 문제로 고민해 왔다. 최근에는 노르웨이 국제기후연구센터CICERO의 연구 책임자 벤야민 산데르손Benjamin Sanderson이 학술지《네이처Nature》에 IPCC부터 순배출량 영점화 목표를 세워 위선에서 벗어나야 한다는 주장을 싣기도 했다.《GCP》의 대표 저자인 영국 엑시터대의 피에르 프리들링스타인Pierre Friedlingstein 교수도 CMIP7의 탄소발자국을 CMIP6의 절반으로 줄여야 한다고 주장하는 만큼(WCRP, 2023), 과학자들의 회의 방식과 기후 모형의 인프라 관리, 에너지 소비, 알고리즘 등에 상당한 변화가 생길 것이다.

마지막으로 CMIP IPO 패널은 CMIP7이 기후 서비스 제공에도 노력할 것으로 전망했다. 즉, 기후 모형의 출력값이 기후변화 대응 정보에 연결되고 동시에 시민에게 쉽게 전달될 수 있도록 개선할 예정이다. 기후 서비스를 더 고려하기를 주장했던 과학자들은 이 변화를 통해 정책결정자도 기후과학을 더 잘 이해하고 정책 수립에 IPCC의 보고서를 더 적극적으로 참고할 수 있다고 주장한 바 있다(Hewitt et al., 2021).

우리나라도 CMIP7을 위해 기후 모형을 개선할 준비를 하고 있다(안중배·변영화·차동현, 2023). 그래서 과학자들뿐만 아니라 시민도 최신 기후과학을 이해하고 가장 효과적인 기후 정책을 정부와 국회에 요구할 수 있는 기회가 늘어나리라 예상된다. 그렇다면 고려대학교의 오정리질리언스연구원처럼 과학과 사회를 연결하려는 연구 그룹의 역할도 더 커지리라 희망

한다. 물론 우리나라 과학자들이 기후 및 환경위기 대응 연구를 위해 CMIP7에 참여하는 외국 과학자 및 연구기관과 협력할 수 있다면 더 성과가 커질 것이다.

3.2. 물질순환 연구 방향

서로 다른 주요 물질 사이의 상호작용을 더 자세히 다루고, 특히 전 지구적인 변화뿐만 아니라 지역별로 서로 다른 영향을 미치는 물질순환을 더 높은 해상도로 연구해야 한다. 예를 들어, 질소와 더불어 주요 대기 오염물질인 황은 전 지구에서 대기 중 농도가 비슷하게 변화하는 이산화탄소와는 달리 지역적으로 분포가 다르다(그림 3-12). 그래서 습식 침적wet deposition 또는 건식 침적dry deposition으로 육지 및 해양의 생물과 생태계에 영향을 미친다. 인공위성과 무인 해양 관측장비(ARGO 등)를 통해 전 지구적인 물질의 흐름이 어느 정도 파악할 수 있지만, 지역별·국가별 변화와 그 영향은 국가별 연구 역량 강화와 지역 내 이웃 국가들의 연구 협력을 통해 체계적이고 신속하면서도 장기간에 걸쳐 연구해야 부정적 환경 변화에 대한 정책을 제때 수립하고 시행할 수 있을 것이다.

다행히, 생태계 모형화는 기후 모형화에 대응하는 지표들도 생성하고 있다. IPCC의 역대 보고서들은 지구온난화 정도별 5대 우려 요인RFCs의 위험/영향 수준을 타오르는 잉걸불 burning embers로 시각화하여 일반인의 이해를 도왔다(IPCC,

그림 3-12. 질소(a)와 황(b)의 단위 면적당 총 침적량 분포

단위: mg N m^{-2}; mg S m^{-2}, 2010년 기준
출처: Rubin et al., 2023

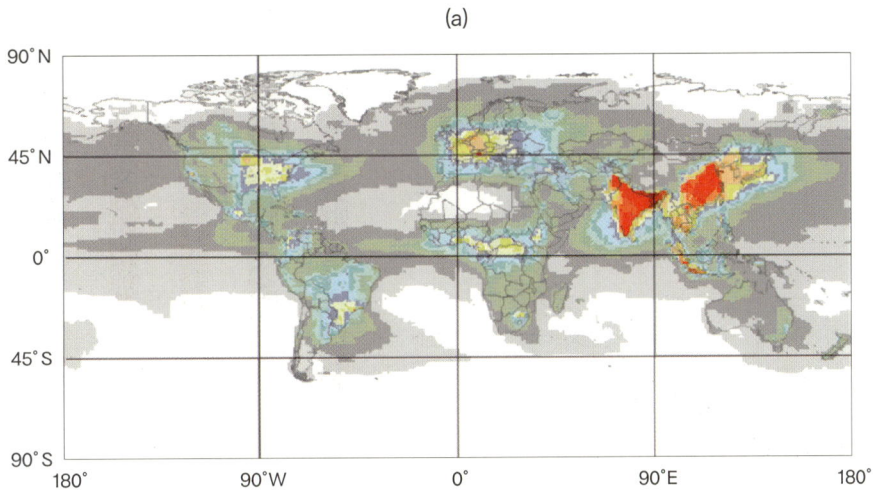

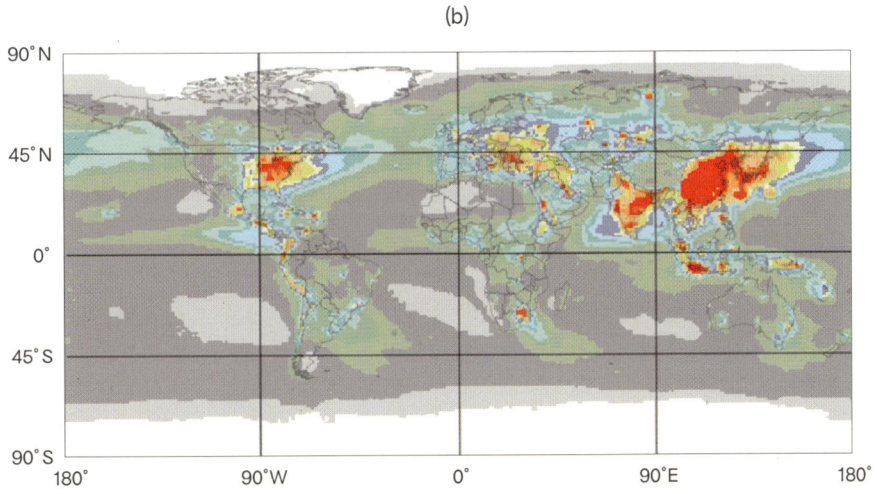

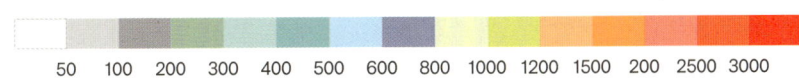

그림 3-13. 지구온난화 정도별 5대 우려 요인
출처: IPCC, 2022

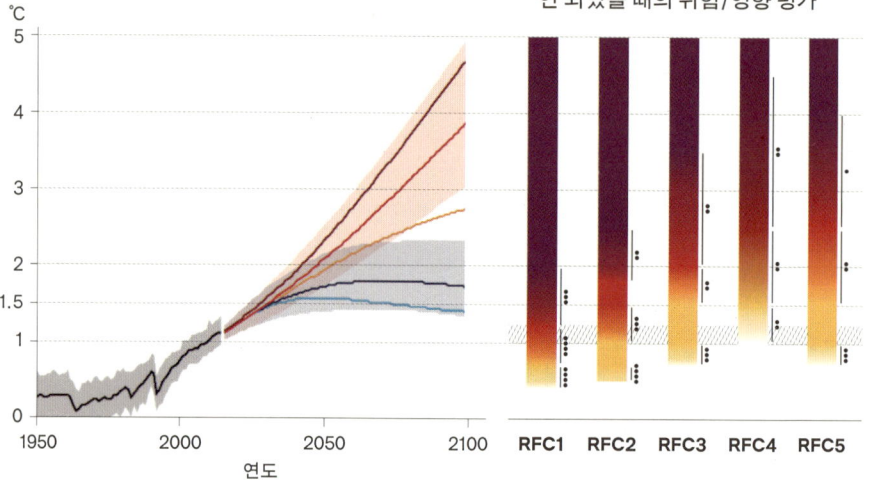

RFC1 위협받는 고유시스템: 기후 관련 조건 때문에 지리적 범위가 제한되고 고유도(어떤 생물의 분포가 특정지역에 한정)가 높거나 다른 독특한 특성을 가진 생태 및 인간 시스템

RFC2 극한기상현상: 극한 기상 현상으로 인한 인간 건강, 생계, 자산 및 생태계에 대한 위험/영향

RFC3 영향의 분포: 물리적 기후변화에 따른 위해·노출·취약성의 불균일한 분포 때문에 특정 그룹에 불균형적으로 영향을 미치는 위험/영향

RFC4 전 지구적 총 영향: 전 세계적으로 단일 측정 단위로 종합할 수 있는 사회·생태 시스템에 미치는 영향

RFC5 대규모 단일 현상: 지구온난화가 유발하는 상대적으로 크고 갑작스럽고 때로는 돌이킬 수 없는 여러 시스템의 변화

그림 3-14. 육상(위) 및 해양(아래) 보호 구역이 생물다양성, 기후변화 완화 및 식량에 미치는 영향
출처: Arneth et al., 2023

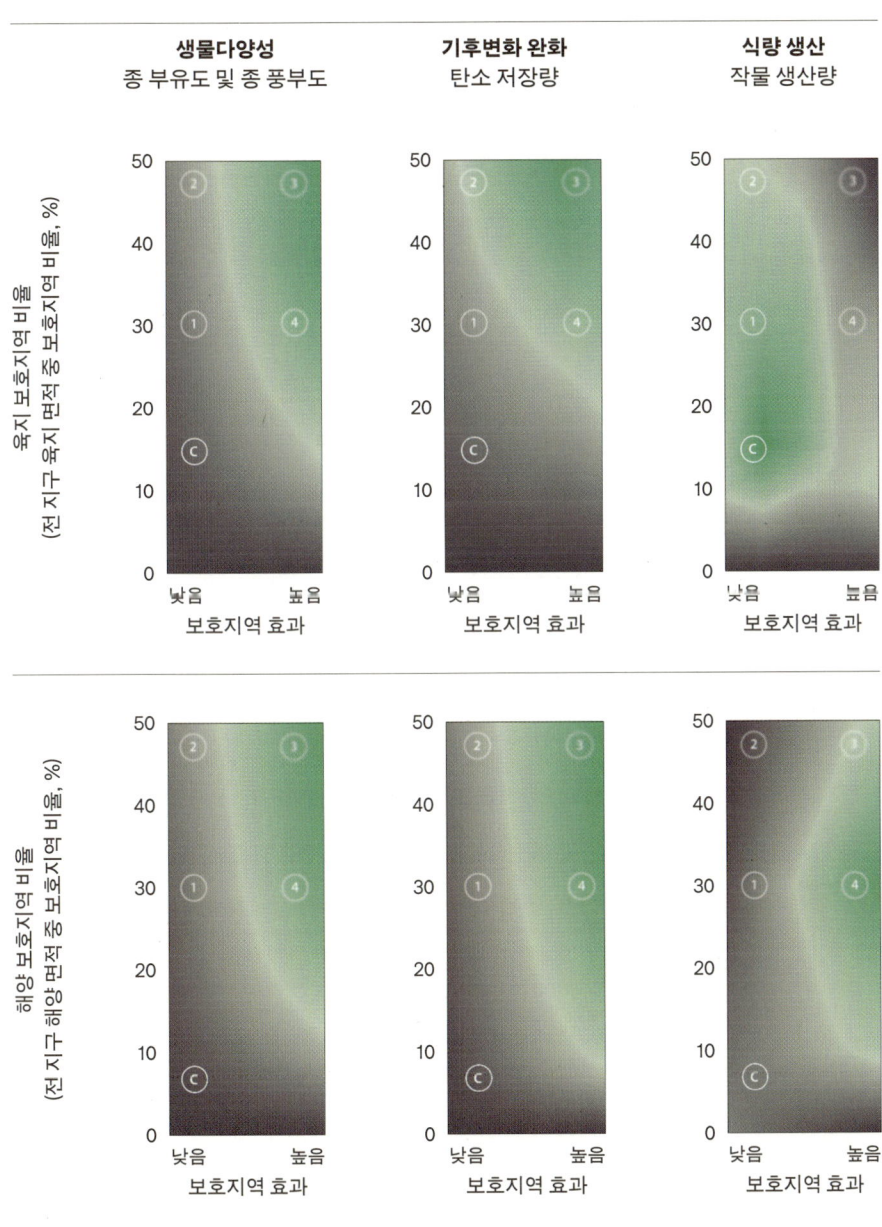

2022a, pp.16-17).

이에 대응하여, 생태계 모형에 관한 최근 보고서는 초록 순 (green shoots; Corlett, 2023)으로 육지/해양 보호지역 관리 수준별 생물다양성 보전, 기후변화 완화, 식량 생산에 대한 효과를 제시하여 관심을 받고 있다(그림 3-14).

쿤밍-몬트리올 글로벌 생물다양성 프레임워크
(Kunming-Montreal Global Biodiversity Framework, GBF)

2022년 12월 생물다양성협약의 전 회원국이 합의한 쿤밍-몬트리올 글로벌 생물다양성 프레임워크는 2030년까지 시행하기로 한 23개 실천 목표23 action-oriented global targets(표 3-7 참고)와 2050년까지 달성하려는 4대 목표4 outcome-oriented global goals를 포함한다. 이전 10년(2011~2020년) 동안 달성하기로 합의했던 아이치 생물다양성 목표가 20개 목표 중 하나도 달성하지 못하면서 완전한 실패(CBD Secretariat, 2020)로 끝났기 때문에 GBF의 실현 가능성에 대해서도 회의적인 시각도 존재한다. 그러나 GBF는 생물다양성 보전 분야에서는 유엔기후변화협약의 파리협정the Paris Agreement에 해당하는 합의라는 평가를 받을 만큼 인류와 지구 생태계의 지속가능성을 위해 목표를 달성하는 것이 매우 중요하다. 전 세계가 이번에 합의한 주요 목표를 제대로 달성한다면 생물다양성 보전으로 어떤 효과를 기대할 수 있는지 알아보자.

> **GBF 목표 3**
>
> 2030년까지 육지, 내륙 수역, 연안 및 해양 지역의 최소 30%를 보호지역[PAs] 및 기타 효과적인 지역기반 보전 조치[OECMs] 관리 체계를 통해 효과적으로 보전·관리

GBF 실천 목표 중 가장 주목받는 것은 목표 3이다.

2023년 2월 현재 전 세계의 보호 지역 비율은 이 목표에 현저히 못 미친다(표 3-5). 앞으로 8년이 되지 않는 기간 동안 육지와 내륙 수역의 보호지역(PAs + OECMs)은 현재의 약 1.8배로, 해양의 보호지역은 약 3.6배로 확대해야 최소 목표에 도달할 수 있다.

표 3-5. 전 세계의 보호구역 현황
출처: UNEP-WCMC, 2023

종류	육지 및 내륙수		해양	
보호지역(PAs)	PAs 수	267,085	PAs 수	18,444
	육지 면적 대비 비율	15.80 %	해양 면적 대비 비율	8.16%
	대상 육지 면적	21,319,046km^2	대상 해양 면적	29,581,563km^2
기타 효과적인 지역기반 보전조치 (Other Effective area-based Conservation Measures, OECMs*)	OECMs 수	634	OECMs 수	195
	육지 면적 대비 비율	1.18%	해양 면적 대비 비율	0.10%
	대상 육지 면적	1,590,379km^2	대상 해양 면적	359,105km^2
합계	PAs 및 OECMs 수	267,719	PAs 및 OECMs 수	18,639
	육지 면적 대비 비율	16.98%	해양 면적 대비 비율	8.26%
	대상 면적	22,909,425km^2	대상 면적	29,940,667km^2

*보호지역(Protected Areas)은 아니지만 장기간 생물다양성 보전에 기여하면서 관리되는 지역

보호지역PAs은 자연보전이 일차적인 목적primary objective인 구역을 가리키는데, 세계자연보전연맹은 보호지역을 보호 정도에 따라 6개 등급으로 나눈다(표 3-6). 기타 효과적인 지역 기반 보전 조치OECMs 지역은 자연보전이 일차적인 목적은 아니지만 해당 지역의 생태계 기능·서비스 및 문화적·영적·사회경제적·지역적 가치 보전이 생물다양성 보전 가치를 해치지 않도록 관리하는 구역을 가리킨다.

생물다양성협약 사무국은 목표 3을 달성하면 크게 2가지의 생물다양성 보전 효과를 기대할 수 있다고 추정한다. 첫째, 생물다양성 가치를 70%까지 유지할 수 있다. 생물다양성 가치는 위기 종 및 생태계, 대표성, 생태적 부양 능력, 지리적 분포가 제한된 종 및 생태계, 종 집합species aggregations, 기후 피난처, 고탄소 생태계high carbon ecosystems, 생물적 연결성 등을 포함한다. 둘째, 육상에서는 식물 및 척추동물의 보호대상종 81%를 보전할 수 있다(Jung et al., 2021). 단, 이와 같은 효과는 단순히 보호 면적을 확보하는 정량적인 측면 외에 생물다양성 보전을 위해 중요한 지역 우선 지정하고 자연의 인간에 대한 기여Nature's Contributions to People; NCPs를 보전하며, 자연을 효과적으로 관리하고, 서식지의 파편화를 막고 실행 측면에서 거버넌스의 형평성을 고려하는 등의 정성적인 측면에서도 충분히 보호 및 보전 조치가 실현되어야 기대할 수 있다(CBD Secretariat, 2022b).

표 3-6. 세계자연보전연맹(IUCN)의 보호구역 관리 등급

출처: 한국보호지역포럼, 2010; Dudley, 2008

Ia: 엄정자연보전지(strict nature reserve)

생물다양성과 가능한 지리/지형적 특징을 보호하기 위해 특별하게 지정된 엄정 보호구역. 보전 가치의 보호를 확보하기 위해서 인간의 방문과 이용, 영향이 엄정하게 통제되고 제한되는 지역이다. 과학적 연구조사와 감시를 위해 꼭 필요한 대조구(reference area) 역할을 할 수 있다.

Ib: 원시야생지역(wilderness area)

보통 변형되지 않거나 약간의 변형만 있는 넓은 지역. 영구적이거나 중대한 인간의 거주 없이 자연 특성과 영향력을 유지하고, 그런 자연 상태를 보전하기 위해서 보호되고 관리된다.

II: 국립공원(national park)

지역의 생물종과 생태계 특징의 완성과 함께 대규모의 생태적 형성 과정을 보호하기 위해 따로 남겨둔 자연 상태 또는 자연과 가까운 상태의 큰 지역. 환경적·문화적으로 양립할 수 있는 영적, 과학적, 교육적, 휴양적, 탐방 기회의 도대를 제공한다.

III: 자연기념물이나 특징 (natural monument or feature)

독특한 자연기념물을 보호하기 위해 따로 남겨두는 곳. 자연기념물은 지형이나 해산, 해저 동굴, 동굴 같은 지리적 특징이나 고대의 숲 같은 생활적 특징일 수 있다. 일반적으로 매우 작고, 탐방색은 매우 낮다.

IV: 종 및 서식지 관리지역 (habitat/species management area)

특정한 종이나 서식지를 보호하기 위해 이 목적을 우선 반영해 관리하는 지역. 대부분 특정한 종이나 서식처의 필요조건을 다루거나 서식처를 유지하기 위해서 정기적이고 적극적인 간섭을 요구한다. 하지만, 이것이 이 카테고리의 필요조건은 아니다.

V: 육상(해상) 경관 보호지역 (protected landscape/seascape)

시간이 흐르면서 사람과 자연의 상호작용이 중요한 생태적, 생물적, 문화적, 경관적 가치가 있는 차별적인 특징 지역을 만들어 내고, 이 상호작용의 온전함을 보호하는 것이 그 지역과 연관된 자연 보전과 다른 가치를 보호하고 유지하는 데 절대 필요한 보호지역.

VI: 자연자원의 지속가능한 이용을 위한 보호지역 (protected area with sustainable use of natural resources)

지역과 연관된 문화적 가치와 전통적 자연자원 관리 시스템과 함께 생태계와 서식지를 보호하는 경우. 지속가능한 자연자원 관리에 따르는 지역이 있고, 자연보전과 양립할 수 있는 낮은 수준으로 자연자원을 비산업적으로 이용하는 것이 주된 목적 중 하나인 지역으로 일반적으로 규모가 크고 대부분이 자연적 상태에 있다.

> **GBF 목표 2**
>
> 2030년까지 훼손된 육지, 내륙수역, 해양 및 연안 생태계의 최소 30% 복원

GBF에서 목표 3 다음으로 주목받는 것은 목표 2다.

생물다양성협약 사무국은 생태계 복원을 2가지로 구분한다(그림 3-15). 복구 rehabilitation는 농경지, 조림지와 같은 전환된 생태계 transformed ecosystems;의 기능과 서비스 등 NCPs를 개선하는 것이다. 생태적 복원 ecological restoration은 훼손된 자연 생태계 natural ecosystems의 종 구성, 구조, 기능, 생태적 과정 ecological processes을 자연 상태에 가깝게 고양하는 것이다. 목표 2에 따라 훼손된 생태계를 복구하고 생태적으로 복원하면 육지의 경우, 전체 면적 중 2.6~8.2%가 복원될 것으로 기대된다(CBD Secretariat, 2022a).

그림 3-15. 생태계 복원: 생태적 복원(ecological restoration)과 복구(rehabilitation)
출처: CBD Secretariat, 2022a

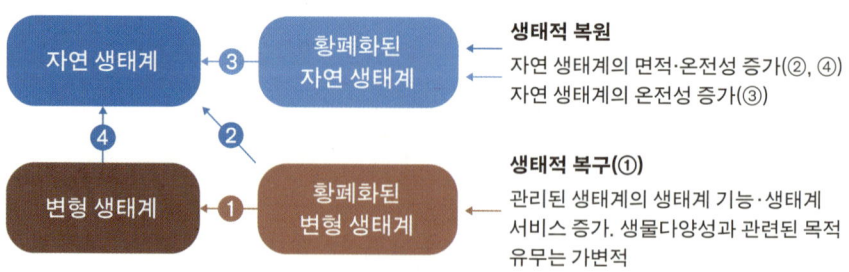

① 황폐화된 농경지에 상업적으로 가치 있는 나무(종종 단일 수종)를 심거나 혼농임업을 통해 재활성화
② 황폐화된 농경지를 내버려두거나 더 이상 사용되지 않도록 보호하여 자연스럽게 숲으로 재생되도록 허용. 덜 일반적으로는 다양한 자생 수종으로 심어 복원 추진
③ 황폐화된 삼림은 화재나 목재 수확 등의 압력에서 보호되고 더욱 자연스러운 상태로 자연 재생되도록 허용. 덜 일반적으로는 다양한 자생 수종을 심어 복원 추진
④ 생산적인 농경지 및 관리 산림을 내버려 두거나 더욱 자연스러운 삼림 상태로 적극적으로 복원

> GBF 목표 7

환경에 유실되는 과잉 영양분을 최소 절반으로 저감; 농약 및 고위험 화학 물질로 인한 전반적인 위험을 절반 이상 저감; 플라스틱 오염의 예방·감소·제거

GBF는 목표 7을 통해 생물다양성 보전을 추구한다.

환경에 유실되는 과잉 영양분은 주로 인위적인 질소와 인을 가리킨다. 과잉 영양분 유실은 농업, 인간, 산업, 화석연료 연소, 생체 소각 등에서 발생한다. 생물다양성협약 사무국은 질소 및 인 비료를 효율적으로 사용하면 목표 7을 달성하면서도 농업 생산성은 감소하지 않고 오히려 증가할 수도 있다고 설명한다. 살충제, 제초제와 같은 농약의 위험을 절반 이상 줄이고 지속가능한 해충 관리 방법을 시행하면 수생 무척추동물과 수분 매개 생물pollinators의 감소를 완화할 수 있다. 그러나 이러한 효과를 거두려면 다양한 이해관계자가 협력해야 한다. 그래서 목표 7은 식량 가치사슬 전체를 변혁하는 정책이 전제되어야 한다(CBD Secretariat, 2022c).

> GBF 목표 8

자연기반해법 또는 생태계기반 접근법을 포함한 저감, 적응, 재해 위험 감소 행동을 통해 기후변화 및 해양 산성화가 생물다양성에 미치는 영향을 최소화

GBF의 목표 8은 전 세계의 온실가스 순 배출량 감축 강화이다. 자연기반해법Nature-based Solutions; NbS은 자연 생태계 또는 전환

된 생태계를 보호, 보전, 복원, 지속가능한 이용을 통해 사회·경제·환경 문제를 효과적이고 적응적으로 해결하고, 동시에 인간 복지, 생태계 서비스, 생태계 회복탄력성, 생물다양성 편익도 제공하는 행동을 가리킨다. 생태계기반 접근법은 육지, 담수 및 해수, 생물 자원을 형평성 있게 보전하고 지속가능하게 이용하는 통합 관리를 가리킨다.

생물다양성협약 사무국은 목표 8을 달성하면 2030년까지 매년 50억 이산화탄소상당량톤의 온실가스 배출량을 줄일 수 있으며, 극단적으로 모든 수단을 시행하면 최대 매년 100억 이산화탄소상당량톤(보전 및 관리를 통해 회피하는 배출량 50억 톤 + 복원 및 관리를 통해 증가하는 흡수량 50억 톤; 어떤 연구에서는 최대 117억 이산화탄소상당량톤)의 온실가스 순 배출량 감소를 기대할 수 있다고 평가한다. 이러한 노력을 2050년까지 지속하면 연간 온실가스 순 배출량은 최대 140억~180억 이산화탄소상당량톤까지 감소하고, 누적 탄소 고정량은 2,990억 이산화탄소톤에 이를 수 있다(CBD Secretariat, 2022d).

GBF의 실천 목표별 기대 효과가 다르긴 하지만 생물다양성협약은 어느 한 목표를 달성하기 위해 다른 목표를 포기하는 접근법을 배제한다. 즉, 모든 목표를 함께 달성하기 위해 노력해야 한다. 생물다양성을 보전하는 행동은 대체로 기후변화 완화 및 적응에도 도움이 된다(Shin et al., 2022). 그리고 각 목표 관련 지표의 현재 수준이 대체로 매우 낮으므로 당장 목표 달성을 위해 연구와 행동에 착수해야 한다.

표 3-7. GBF의 23개 2030 글로벌 실천 목표(23 action-oriented global targets for 2030)
출처: CBD COP15, 2022; 환경부, 2022

1. 생물다양성 위협 저감	
목표 1.	모든 지역이 참여형 통합 생물다양성 포괄 공간계획 및/또는 효과적인 관리 프로세스를 따르도록 보장, 2030년까지 생물다양성의 중요도가 높은 지역의 손실을 완전히 없앰(토착민과 지역공동체[IPLC*]의 권리를 존중)
목표 2.	2030년까지 최소 30%의 훼손된 육지, 내륙 수역, 해양 및 연안 생태계가 효과적으로 복원되어 생물다양성 및 생태계 기능, 서비스, 생태적 온전성과 연결성을 강화함
목표 3.	2030년까지 육지, 내륙 수역, 연안 및 해양 지역(특히 생물다양성과 생태계 기능 및 서비스 측면에서 중요한 지역)의 최소 30%가 보호지역 및 기타 효과적인 지역기반 보전 조치(OECMs) 관리 체계를 통해 효과적으로 보전·관리함(IPLC의 권리 존중)
목표 4.	인간이 초래하는 것으로 알려진 멸종을 중단시키고 멸종위기종 등을 보전·복원하며, 토착종·야생종·가축종의 유전적 다양성을 유지·복원하여 적응력을 유지하고, 현지 안팎의 보전 및 지속가능한 관리 규범, 효과적으로 관리되는 인간과 야생동물의 상호작용(충돌 최소화)을 통해 공존을 도모
목표 5.	야생종의 이용, 수확, 거래가 지속가능하고, 안전하고, 합법적으로 하며, 남획 방지, 의도치 않은 종과 생태계에 대한 영향 최소화, 병원균 유출 위험을 감소시키고 생태계 접근법을 적용함(IPLC의 권리 존중)
목표 6.	외래종의 유입 경로를 확인·관리하고, 우선순위 침입 외래종의 유입 및 정착을 막음으로써 침입 외래종의 영향을 제거, 최소화, 저감, 또는 완화하고, 침입 외래종의 개체 수를 제거 또는 조절하여, 알려진 또는 잠재적인 침입 외래종의 유입 및 정착률을 특히 섬과 같은 우선순위 지역에서 2030년까지 최소 50% 낮춤
목표 7.	누적 효과를 고려한 대책들(효율적인 영양분 순환 및 사용으로 환경에 유실되는 과잉 영양분을 최소 절반으로 저감; 식량 안보와 생계를 고려하여 과학에 기반한 통합 해충 관리를 포함하여 농약 및 고위험 화학 물질로 인한 전반적인 위험을 절반 이상 저감; 플라스틱 오염을 예방·감소·제거를 위해 노력)을 시행하여, 2030년까지 생물다양성과 생태계 기능 및 서비스에 해롭지 않은 수준으로 오염 위험과 모든 오염원의 부정적인 영향을 줄임
목표 8.	자연기반해법 또는 생태계기반 접근법을 포함한 저감, 적응, 재해 위험 감소 행동을 통해 기후변화 및 해양 산성화가 생물다양성에 미치는 영향을 최소화하고, 생물다양성의 회복탄력성을 증진하며 동시에 기후행동이 생물다양성에 미치는 부정적 영향은 최소화하고 긍정적 영향은 촉진

2. 지속가능한 이용 및 이익 공유를 통한 인간의 요구 충족

목표 9.	사람들, 특히 취약한 상황에 있거나 생물다양성 의존도가 큰 이들에게 사회적·경제적·환경적 이익이 되도록 생물다양성 기반 활동, 제품, 서비스를 포함하여 야생종 관리 및 이용이 지속가능하도록 보장(IPLC*의 관습적인 지속가능한 이용을 보호·장려)
목표 10.	농생태적 및 기타 혁신적 접근법을 포함한 생물다양성의 지속가능한 이용과 생물다양성에 친화적인 관습을 통해 농업·양식업·어업·임업이 이뤄지는 지역이 지속가능하게 관리되고, 이러한 생산 체계의 회복력, 장기적 효율성 및 생산성과 식량안보에 기여
목표 11.	자연기반해법과 생태계기반 접근법을 통해 대기, 물, 기후, 토양 건강, 질병 위험의 조절, 자연재해로부터의 보호와 같은 생태계 기능 및 서비스를 포함한 자연의 인간에 대한 기여(NCPs)를 복원, 유지 및 강화
목표 12.	생물다양성의 보전과 지속가능한 이용을 주류화함으로써 도시 및 인구 밀집지역의 그린 및 블루 인프라의 면적·질·접근성·편익을 증가시키고, 생물다양성이 통합된 도시 계획을 보장하고, 토착 생물다양성과 생태적 연결성·온전성을 증진시키고, 인간 건강과 웰빙, 자연과의 연결을 개선하여 포용적이고 지속가능한 도시개발과 생태계 기능과 서비스 제공에 기여
목표 13.	유전 자원 이용과 유전 자원에 대한 디지털 서열 정보 및 전통 지식에서 발생하는 이익을 공정·공평하게 공유하는 것을 보장하기 위해 국제적 접근 및 이익 공유에 관한 정책에 따라 유전 자원에 대한 적절한 접근을 촉진하고 2030년까지 이익 공유의 상당한 증가를 촉진하여, 모든 수준에서 효과적인 법·정책·행정·역량강화 조처함

* IPLC: 2014년 우리나라 평창에서 열린 생물다양성협약 제15차 당사국총회는 전통지식과 문화를 보전하고 생물과 생태계를 관리하면서 살아온 여러 민족과 공동체의 권리를 인정하고 제도적으로 지원을 돕기 위해 그 통칭을 '토착민(혹은 선주민[先住民])과 지역공동체'(Indigenous Peoples and Local Communities, IPLC)로 합의했다(CBD COP12, 2014).

3. 이행 및 주류화를 위한 도구 및 해법

목표 14.	모든 공공 및 민간의 활동, 재정 및 금융 흐름을 프레임워크의 장기 목표(goals) 및 목표(targets)에 점진적으로 동조화하고 정부의 전 부문에 걸쳐 정책, 규제, 계획 및 개발 과정, 빈곤 퇴치 전략, 전략환경평가 및 환경영향평가, 국가 회계에 생물다양성과 그 다중 가치의 완전한 통합을 보장
목표 15.	생물다양성에 대한 부정적 영향을 점진적으로 줄이고, 긍정적인 영향을 증가시키며, 비즈니스 및 재정 분야 생물다양성 관련 위험의 감소, 지속가능한 생산 패턴을 보장하기 위한 사업을 활성화하기 위한 법적·행정적·정책적 조치를 하며, 특히 대기업과 다국적 기업, 금융기관이 다음의 조치를 하도록 보장: (a) 운영, 공급 및 가치 사슬, 포트폴리오에 따라 모든 대형 및 다국적 기업, 금융기관이 생물다양성에 대한 요구 및 위험, 의존도 및 영향을 정기적으로 모니터링, 평가, 투명하게 공개 (b) 지속가능한 소비 패턴을 촉진하는 데 필요한 정보를 소비자에게 제공 (c) 해당되는 경우, 접근 및 이익 공유 규정 및 조치 준수에 대해 보고
목표 16.	지원 정책, 입법 및 규제 체계의 수립을 포함하여 교육, 정확한 정보 제공 및 대안에 대한 접근 개선을 통해 사람들이 지속가능한 소비를 선택할 수 있도록 격려하고, 모든 사람이 어머니 지구와 조화롭게 잘 살 수 있도록 음식물류 폐기물을 절반으로 줄이며, 과소비와 폐기물 발생을 상당히 감축하여, 2030년까지 공평한 방식으로 전세계 소비의 발자국을 줄임.
목표 17.	생물다양성협약 제8조 (g)항에 규정된 생물안전조치와 협약 제19조에 규정된 생명공학의 취급 및 그 이익 분배를 위한 조치를 모든 국가에서 수립 및 강화하고 시행
목표 18.	정당하고 공정하고 적절한 방식으로 생물다양성에 유해한 인센티브·보조금을 2025년까지 규명하고 제거하며, 단계적으로 폐지하거나 개혁하고(가장 유해한 보조금부터 시작하여 2030년까지 매년 5,000억 달러를 저감하면서), 생물다양성의 보전과 지속가능한 이용에 긍정적인 인센티브는 증가시킴

목표 19.	국가생물다양성전략 및 실행 계획(NBSAPs) 이행을 위해, 협약 제20조에 따라 국내·국제·공공 및 민간 자원을 포함하여 효과적이고 시의적절하며 쉽게 접근할 수 있는 아래의 방법을 포함한 방법으로, 모든 출처의 재정자원 수준을 실질적이고 점진적으로 증가시킴(2030년까지 매년 최소 2,000억 달러 동원) (a) 선진국 및 자발적으로 선진국 의무를 질 당사국으로부터 개발도상국들(특히, 최빈개도국, 군소도서개도국, 경제적 과도기에 있는 국가들)으로 생물다양성과 관련된 국제 재원 흐름을 증대(2025년까지 매년 최소 200억 달러, 2030년까지 매년 최소 300억 달러 동원) (b) 국가의 필요, 우선순위 및 상황에 따라 국가 생물다양성 재정 계획 또는 이와 유사한 조치의 준비 및 이행으로 국내 자원 동원 증대를 촉진 (c) 민간 금융 활용, 혼합 금융 촉진, 신규 및 추가 자원 동원 전략의 이행, 기금 및 기타 수단을 포함한 민간 부문의 생물다양성 투자 장려 (d) 생태계 서비스 지불제, 녹색 채권, 생물다양성 상쇄 및 증명서, 이익 공유 메커니즘, 환경 및 사회 안전장치와 같은 혁신적인 계획을 촉진 (e) 생물다양성 및 기후위기를 대상으로 한 금융의 공동 편익 및 시너지 최적화. (f) 토착민과 지역 공동체를 포함한 집단행동의 역할 강화, 지역공동체 기반 천연자원 관리 및 시민사회 협력과 생물다양성 보전을 목표로 하는 연대를 포함한 지구 중심 행동과 비시장 기반 접근 방식 (g) 자원 제공 및 이용의 효과성, 효율성 및 투명성 제고
목표 20.	효과적인 이행 요구(특히, 개도국의)를 충족하기 위한 공동 기술 개발 및 공동 과학 연구 프로그램을 육성하고, 프레임워크에 상응하는 연구 및 모니터링 역량을 강화하고, 남-남(Global South-Global South), 북-남(Global North-Global South), 삼각(two from the South and one from the North) 협력을 통해 역량 구축 및 개발, 기술 접근 및 이전을 강화하고 혁신 및 과학기술협력의 개발 및 접근을 촉진
목표 21.	효과적이고 공정한 거버넌스, 생물다양성의 통합적·참여적인 관리와 소통, 인식 제고, 교육, 모니터링, 연구 및 지식 관리 강화를 위해 의사결정자, 실무자 및 대중이 최상의 데이터, 정보 및 지식에 접근할 수 있도록 보장(IPLC의 전통 지식, 혁신, 관행, 기술은 국가 법률에 따라 보호)

목표 22.	완전·공평·포용적·효과적·성인지적인 표현과 의사 결정 참여를 보장하며, 토지·영토·자원·전통지식에 대한 문화와 권리를 존중하면서 토착민과 지역공동체의 생물다양성과 관련된 정의 및 정보에 대한 접근을 보장하고, 여성·소녀·어린이·청소년·장애인이 생물다양성과 관련된 정의 및 정보에 대한 접근을 보장하고, 환경인권운동가의 완전한 보호 보장
목표 23.	생물다양성과 관련한 모든 수준의 행동, 참여, 정책 및 의사결정에서 토지 및 천연자원에 대한 동등한 권리와 접근 및 완전하고, 공평하고, 의미 있고, 지식을 갖춘 참여와 리더십을 인정하는 것을 포함하여, 모든 여성 및 소녀가 협약의 세 가지 목적*에 기여할 수 있는 동등한 기회와 역량을 갖는 성인지적인 접근법을 통해 프레임워크 이행에서 성평등을 보장

* (1) (유전자원과 유전기술에 대한 모든 권리를 고려한 유전자원에 대한 적절한 접근, 관련 기술의 적절한 이전 및 적절한 재원 제공 등을 통하여) 생물다양성 보전
 (2) 생물다양성의 구성요소를 지속가능하게 이용
 (3) 유전자원의 이용으로부터 발생하는 이익을 공정하고 공평하게 공유

3.3. 한국형 모형 접근

우리나라는 1991년 기상청이 현업 수치 모형을 처음 도입한 이후 선진국의 연구를 참고하면서 모형화 부문을 확장해 왔다. 2007년 전 지구 모형K-ACE을 공개했고, 2020년에는 한국형 수치 예보 모형KIM도 운영을 시작했다(민기홍 등, 2023). 대기, 해양, 지면/식생, 해빙의 모의로 시작하여 최근에는 탄소순환, 대기화학, 고층 대기, 동적 식생, 생지화학 순환, 황사/해수입자/에어로졸, 빙상, 해양 생태계 등도 분석 대상이 되었다.

기후변화와 우리나라의 관계를 본격적으로 다룬 대표적인 모형은 한국형 〈스턴 보고서〉(Stern, 2006)를 발간하려는 국가적 노력에서 탄생했다. 본 보고서인 〈우리나라 기후변화의 경제학적 분석〉(이회성 등, 2011)와 정책결정자를 위한 요약 보고서(채여라 등, 2012)로 집대성된 이 연구에는 통합 평가 모형과 연산 가능 일반 균형Computable General Equilibrium, CGE 모형 연구 경험이 축적되었다.

첫째, 유럽집행위원회 환경부Directorate General Environment를 위해 케임브리지대 연구진이 개발한 Policy Analysis for the Greenhouse Effect PAGE 모형을 우리나라 상황에 맞게 발전시킨 통합평가 모형으로 기후변화 및 온실가스 감축 정책의 거시경제적 영향을 분석했다. 둘째, OECD의 연산 가능 일반 균형 모형인 ENV-Linkages를 수정·보완한 KEI-Linkages는 온실가스 감축 비용을 산출했다.

그림 3-16. 국가 수준의 기후변화 영향을 본격적으로 분석한 연구 보고서의 국·영문판 표지
출처: 채여라 등, 2012

그 이후에도 우리나라 모형 연구 역량은 선진 연구기관과의 협력을 통해 성장해 왔다. 지구시스템 모형, 대순환 모형 등 막대한 자원과 유지 비용이 필요한 대규모 기후 모형은 소수의 학교와 기관이 연구하고, 생태계 물질순환은 아직 기후 모형을 중심으로 연구되고 있다. 기후변화와 사회경제 시스템을 함께 모의하는 통합 평가 모형은 다수의 연구기관과 대학이 경쟁적으로 개발·도입하고 있다(표 3-8).

통합 평가 모형과 유사한 사례로는 한국환경연구원에서 수행한 부문별 기후변화 영향 및 취약성 통합평가 모형Model Of InTegrated Impact and Vulnerability Evaluation, MOTIVE 프로젝트를 들 수 있다. 특히, 육상 생태계와 관련한 산림 부분에서는 산림생장, 식생적지, 재해(산불 및 산사태), 산림탄소 등의 개별 모형을 연계하여 식생 탄소풀의 변화를 모형군의 차원에서 분석하고 있는 사례도 존재한다. 특히, 재해와 관련해서는 최근의 인공지능 기반 분석이 이루어지고 있다.

표 3-8. 국내 온실가스 모형 사용 현황
출처: 이구용·이민아, 2021

분류	이름	모형명(방식)	
기관	온실가스 종합정보센터 (GIR)	MESSAGE (상향식)	IIASA 모형인 MESSAGE를 사용하여 감축정책 평가*, 최근 TIMES 모형으로 변경하려고 함
	에너지경제연구원 (KEEI)	KEEI-EGMS (시뮬레이션)**, TIMES(상향식)	장기 에너지 전망에서는 KEEI-EGMS 모형, 에너지 기술과 온실가스 감축 분석 효과는 TIMES 사용 중
	에너지기술연구원 (KIER), 포스텍	TIMES-KIER (상향식)	에너지 기술 모형 TIMES를 활용해 분석
	한국환경연구원 (KEI)	KEI-Linkage (하향식CGE), UNICON(하이브리드), 혼합정수 모형 발전 감축 모형	CGE 모형을 활용한 탄소세 효과 분석, 통합 평가 모형 UNICON 및 자체 개발한 혼합정수계획법 기반 발전 모형 사용
	녹색기술센터 (GTC)	LEAP/NEMO-GTC	전력 저장과 변동성을 고려한 발전부문 넷제로 시나리오 연구
대학	서울대학교	LEAP	WWF 보고서(2017)***에서 LEAP 사용
	숙명여대	METER	2030년 발전 부문 NDC 목표 달성 분석
	아주대학교	GCAM-EML	GCAM 모형으로 발전·수송·건물 부문 감축 분석 및 한계저감비용 분석
	카이스트	GCAM-KAIST, MESSAGEix	모형 개발 중
	서울시립대학교	AIM/Enduse-Korea, AIM/CGE-Korea, AIM/HUB-Korea	일본 AIM의 3가지 버전 모형을 한국형으로 개발하여 사용 중

* 온실가스종합정보센터는 MESSAGE를 활용하여 2030년 국가 감축목표 설정(INDC; 2015), 2030년 감축 로드맵 마련(2016), 2030년 감축 로드맵 수정안 마련(2018) 분석
** KEEI-EGMS 모형은 미국 에너지정보청(EIA)의 EIA NEMS 모형에 기반을 두고 구축
*** WWF(2017), "지속가능한 미래를 위한 대한민국 2050 에너지 전략"

그림 3-17. 국내 육상 생태계 모형 개발 사례: MOTIVE 산림 부문 평가 모식도

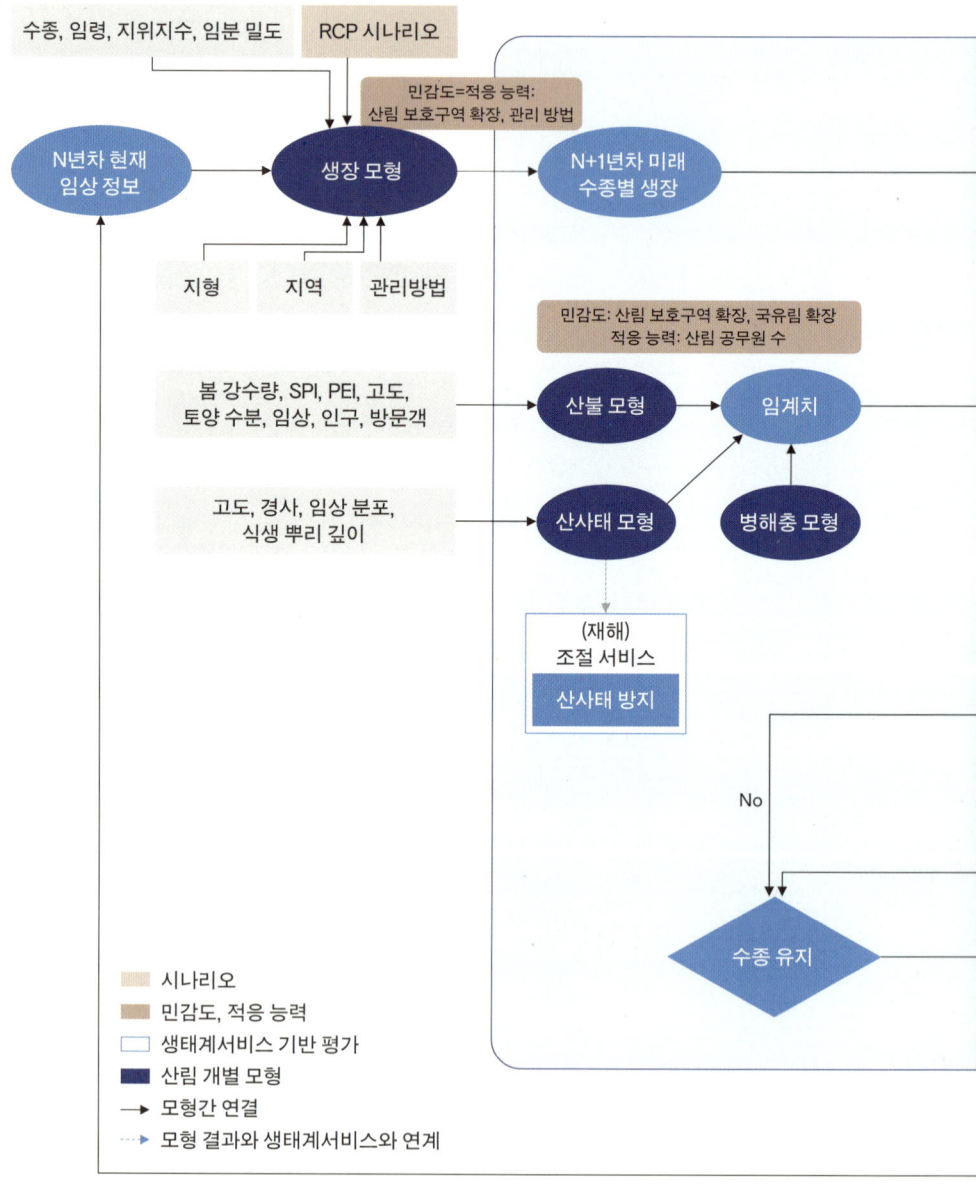

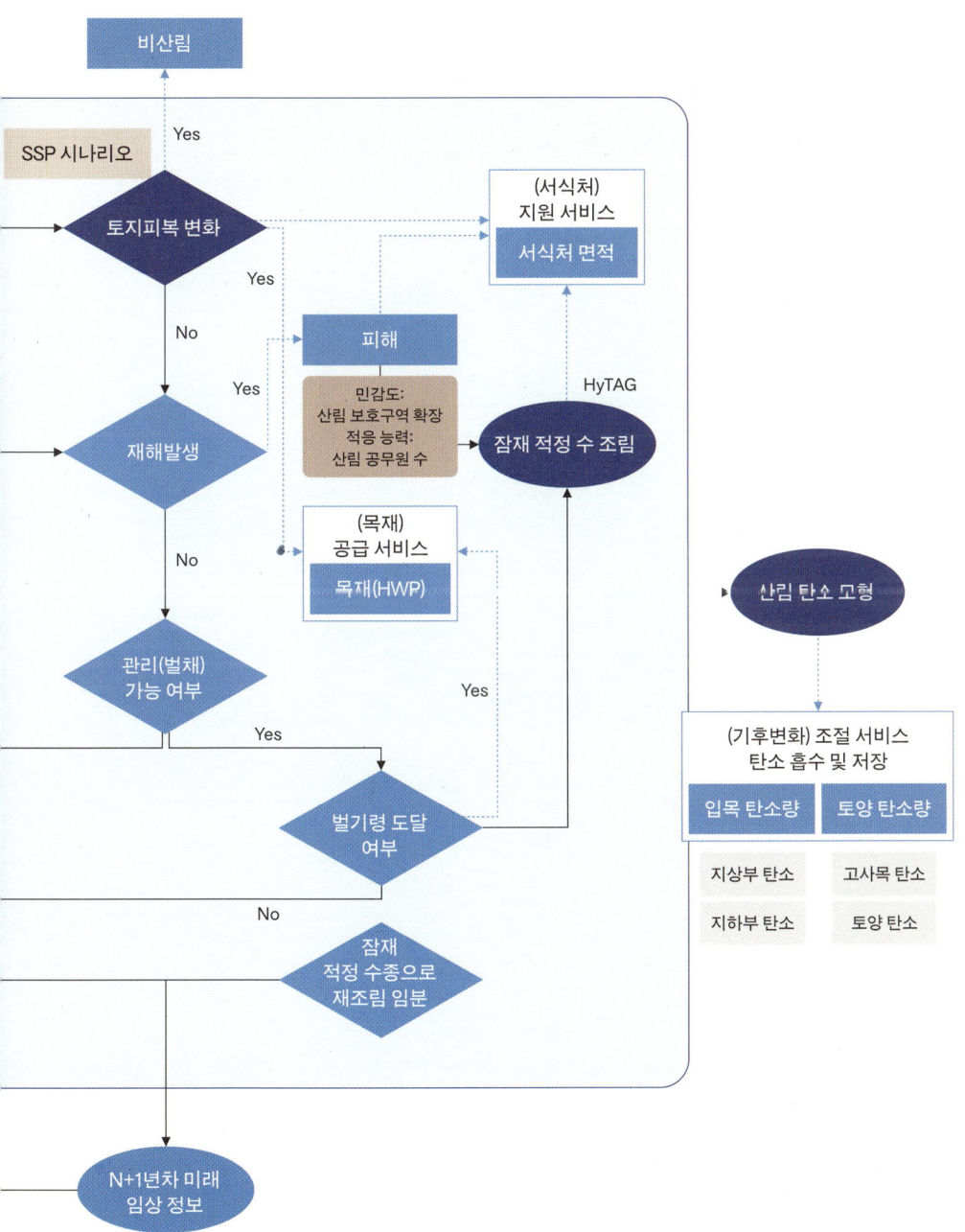

그림 3-18. 우리나라 육상 생태계 탄소/질소 모형 및 재해 모형 개발 사례

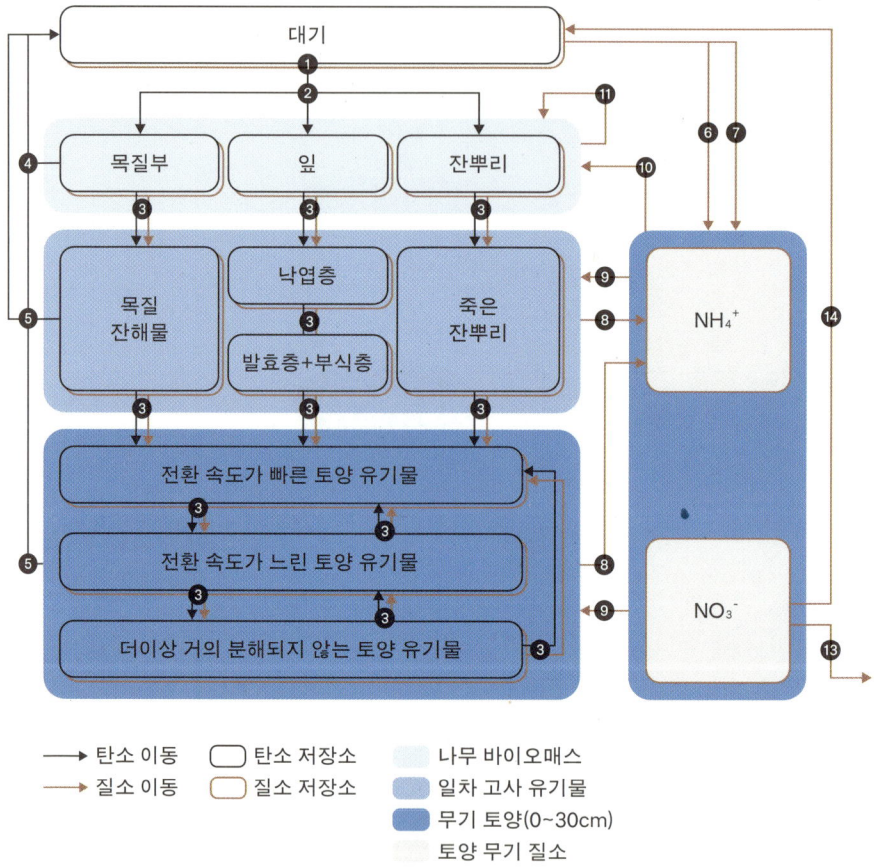

영역기반 산불 예측 모형(1km)

기상 자료

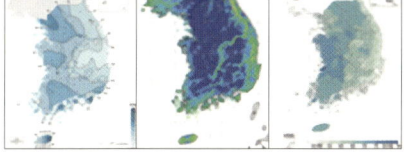

강수량　　풍속　　습도

장소기반 산불 진단 모형(100m)

위성 및 지상센터 기반 건조지수

고해상도 위성영상 및 지상센서를 활용한 실제 산림의 지표면 건조도 반영

산불 예측 결과

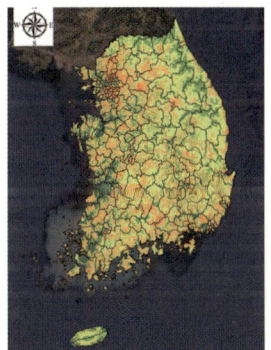

산불위험등급
- 매우 낮음
- 낮음
- 중간
- 높음
- 매우 높음

산불 활동 지도

생활권 주변의 시설을 고려하여 산불 발생에 미치는 사람의 영향을 반영

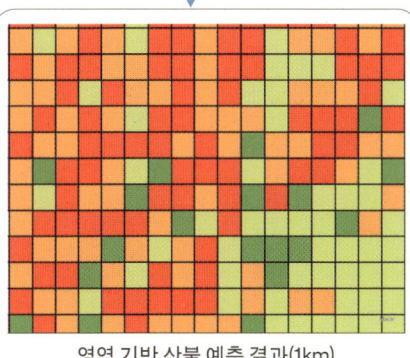

영역 기반 산불 예측 결과(1km)

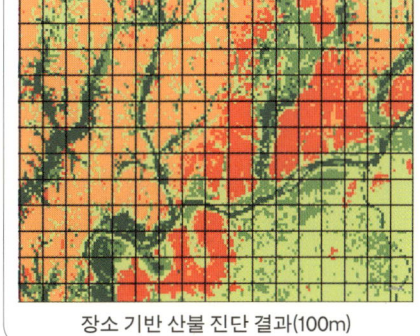

장소 기반 산불 진단 결과(100m)

맺는 글: 난제에서 한 걸음 나아가기를

서론에서 지적했듯이 지구의 기후시스템과 모든 생물이 살아가는 모든 환경은 위기다. 인간의 위기만도 아니고, 자연의 위기만도 아니다. 자연 생태계는 물론 인간 문명이 만든 인위적 생태계 또한 안전하지 않다. 얼마나 위험한 상태인지는 과학적 근거를 바탕으로 계속 업데이트되고 있다. 기후변화에 관한 정부간 협의체IPCC나 생물다양성 과학기구IPBES의 전 지구 평가 보고서가 새로 나올 때마다 지금의 위기가 얼마나 위험한 상태인지, 그리고 점점 더 심각한 상황으로 치닫고 있다는 것을 과학적으로 명확한 증거를 바탕으로 강조하고 있기 때문이다.

그런 보고서에서 과학자들은 정제된 확률적 표현으로 경고한다. 하지만, 연구 결과를 소개하는 세계 언론이나 국제기구의 책임자들은 이제 더 이상 나쁜 표현이 생각나지 않을 만큼 부정적인 형용사로 위기를 규정하며 전 지구에서 즉각적이고 전 부문에 걸친 실천을 호소한다. 기후위기에 따른 해수면 상승으로 해가 다르게 국토가 침식되고 바닷물에 잠겨가는 군소 도서국이나, 천혜의 자연과 생물다양성으로 국민의 생계와 국가 경제의 핵심인 관광산업을 지탱해 온 저개발국가에 기후환경위기는 지역 공동체의 생존 자체를 위협한다.

저자들은 생태계 물질순환의 관점에서 현 상황을 차근차근 분석했다. 기후변화 혹은 지구온난화는 온실가스 중 가장 큰 영향을 미치는 이산화탄소를 이루는 탄소의 순환 이상에서 비롯한다. 탄소순환이 지구상의 모든 생물이 수십 억 년 동안 진화하고 적응해 온 일정 범위를 큰 폭으로 벗어났다. 불과 수 세기라는 너무나 짧은 시기 동안 막대한 화석연료를 사용하고 시멘트를 생산하며 문명을 일군 인간으로 인해.

물순환도 마찬가지다. 대륙 이동, 지각 변동, 밀란코비치 순환 등과 같은 자연적인 환경변화에 따른 물순환 변화는 수만~수백만 년에 걸쳐 일어났다. 변화 속도가 매우 느렸다. 덕분에 생물들이 적응하고 생태계가 스스로 구조와 기능을 조절하면서 동적 균형을 찾을 수 있었다. 그러나 지금은 물의 이동 속도가 전례 없이 빠르다. 또한 인간이 배출한 오염물질은 동식물뿐만 아니라 인간 스스로의 건강과 공동체 유지도 위협한다.

질소, 인, 황도 농업 생산성 향상과 산업 공정을 위해 인공적으로 대량 생산하고 채굴하면서 자연적인 순환 고리가 깨졌다. 자연이 스스로 정화할 수 있는 농도를 넘어서서 생태계에 유출됨으로써 동식물의 대규모 사멸, 심지어 돌이킬 수 없는 멸종을 유발했다. 게다가 플라스틱과 같은 지구에 존재하지 않았던 새로운 화합물을 발생시켰다.

플라스틱은 인간이 창조하여 생태계를 순환하게 된 새로운 화학물질의 대표 격이다. 플라스틱의 생산·소비와 전 지구적인 순환은 화학적 위험성과 쉽사리 분해되지 않고 여러 생태계의 동물을 질식시키거나 영구적인 장애를 일으키는 물리적 위험성이 끊임없이 발견되고 있다. 그런데 인간은 원인 제공자이면서 현상 파악과 해결책도 제대로 마련하지 못하고 있다.

물질순환을 연구함으로써 지금의 난제에서 한 걸음 나아갈 수 있을 것이다. 그래서 이 책에서는 생태계 물질순환 연구 방법도 소개했다. 전 세계의 과학자들은 물질순환의 변화, 그리고 그 변화가 생태계에 미치는 영향의 기작을 모형으로 모사하는 방법을 고도로 정교화하고 있다. 반세기 전에 물질적 한계와 오염으로 전 지구 경제가 무한히 성장할 수 없음을 경고했던 로마클럽의 보고서는 최근 놀라울 정도로 정확했음이 증명되었다(Dixson-Declève et al., 2022; Meadows et al., 1972), 전 세계 과학자들의 검증을 거쳐 학술지에 게재된 증거들을 바탕으로 개량을 거듭해온 기후변화 모형, 심지어는 화석연료 기업 과학자들이 만든 모형도 수십 년 전부터 현재의 기후변화 방향을 예고했음이 확인되었다(Hausfather et al., 2020; Supran, Rahmstorf & Oreskes, 2023).

기후와 환경 시스템은 매우 복잡하게 얽혀 있다. 변화 속도도 너무나 빠르기 때문에 아직 과학자들이 이해하지 못하거나 해결책을 찾지 못한 문제들이 많다. 같은 이유로 모형도 현실을 완벽하게 재현하지 못한다. 그래서 IPCC와 IPBES가 모형으로 각종 시나리오를 검토하여 전망한 미래의 기후환경 시스템에는 겹겹이 중첩된 불확실성이 존재한다는 한계가 있음을 늘 인지하고 해석할 수밖에 없다. 또 인간의 지역 공동체와 동식물의 서식지를 포함하는 지역은 각각 맥락과 특성이 다르기 때문에 공간적 범위가 작아질수록 전 지구적인 모형보다는 지역을 잘 이해하는 과학자의 현장 지식이 더 중요할 때가 많다.

특히 생물다양성과 생태계 서비스는 기후변화에 비해서 지역적 고유성과 문화적 맥락을 많이 고려해야 하므로 주류 과학과 함께 토착민과 지역 공동체의 전통 지식을 모형에 반영해야 한다.

우리나라 과학계도 이런 변화에 대응하여 기후환경위기를 분석하고 대응책을 찾기 위해 생태계 물질순환을 연구하고 다양한 모형을 개발 중이다. 이 책이 그 현황을 중간 점검하고 실질적인 문제 해결 방법을 찾는 데 도움이 되기를 바란다.

2024년 2월
저자 일동

참고자료

참고문헌

Abbott, B. W., Bishop, K., Zarnetske, J. P., Minaudo, C., Chapin, F. S., Krause, S., Hannah, D. M., Conner, L., Ellison, D., Godsey, S. E., Plont, S., Marçais, J., Kolbe, T., Huebner, A., Frei, R. J., Hampton, T., Gu, S., Buhman, M., Sara Sayedi, S., . . . Pinay, G. (2019). Human domination of the global water cycle absent from depictions and perceptions. *Nature Geoscience, 12*(7), 533–540.

Allan, R. P., Willett, K. M., John, V. O., & Trent, T. (2022). Global Changes in Water Vapor 1979–2020. *Journal of Geophysical Research: Atmospheres, 127*(12), e2022JD036728.

Alp, M., & Cucherousset, J. (2022). Food webs speak of human impact: Using stable isotope-based tools to measure ecological consequences of environmental change. *Food Webs, 30*, e00218.

Altieri, K. E., Fawcett, S. E., & Hastings, M. G. (2021). Reactive Nitrogen Cycling in the Atmosphere and Ocean. *Annual Review of Earth and Planetary Sciences, 49*, 523–550.

Aravind kumar, J., Krithiga, T., Sathish, S., Renita, A. A., Prabu, D., Lokesh, S., Geetha, R., Namasivayam, S. K. R., & Sillanpaa, M. (2022). Persistent organic pollutants in water resources: Fate, occurrence, characterization and risk analysis. *Science of The Total Environment, 831*, 154808.

Archer, S. D. J., Lee, K. C., Caruso, T., Alcami, A., Araya, J. G., Cary, S. C., Cowan, D. A., Etchebehere, C., Gantsetseg, B., Gomez-Silva, B., Hartery, S., Hogg, I. D., Kansour, M. K., Lawrence, T., Lee, C. K., Lee, P. K. H., Leopold, M., Leung, M. H. Y., Maki, T., . . . Pointing, S. B. (2023). Contribution of soil bacteria to the atmosphere across biomes. *Science of The Total Environment, 871*, 162137.

Armstrong McKay, D. I., Staal, A., Abrams, J. F., Winkelmann, R., Sakschewski, B., Loriani, S., Fetzer, I., Cornell, S. E., Rockström, J., & Lenton, T. M. (2022). Exceeding 1.5°C global warming could trigger multiple climate tipping points. *Science, 377*(6611), eabn7950.

Arneth, A., Leadley, P., Claudet, J., Coll, M., Rondinini, C., Rounsevell, M. D. A., Shin, Y.-J., Alexander, P., & Fuchs, R. (2023). Making protected areas effective for biodiversity, climate and food. *Global Change Biology, 29*(14), 3883–3894.

Aryal, B., Gurung, R., Camargo, A. F., Fongaro, G., Treichel, H., Mainali, B., Angove, M. J., Ngo, H. H., Guo, W., & Puadel, S. R. (2022). Nitrous oxide emission in altered nitrogen cycle and implications for climate change. *Environmental Pollution, 314*, 120272.

Averill, C., Anthony, M. A., Baldrian, P., Finkbeiner, F., van den Hoogen, J., Kiers, T., Kohout, P., Hirt, E., Smith, G. R., & Crowther, T. W. (2022). Defending Earth's terrestrial microbiome. *Nature Microbiology, 7*(11), 1717–1725.

Avouris, N. M., & Page, B. (Eds.). (2015). *Environmental Informatics: Methodology and Applications of Environmental Information Processing*. Springer.

Bachmann, M., Zibunas, C., Hartmann, J., Tulus, V., Suh, S., Guillén-Gosálbez, G., & Bardow, A. (2023). Towards circular plastics within planetary boundaries. *Nature Sustainability, 6*(5), 599–610.

Balaji, V., Couvreux, F., Deshayes, J., Gautrais, J., Hourdin, F., & Rio, C. (2022). Are general circulation models obsolete? *Proceedings of the National Academy of Sciences, 119*(47), e2202075119.

Baldrian, P., López-Mondéjar, R., & Kohout, P. (2023). Forest microbiome and global change. *Nature Reviews Microbiology, 21*(8), 487–501.

Ban, Z., Hu, X., & Li, J. (2022). Tipping points of marine phytoplankton to multiple environmental stressors. *Nature Climate Change, 12*(11), 1045–1051.

Banerjee, S., & van der Heijden, M. G. A. (2023). Soil microbiomes and one health. *Nature Reviews Microbiology, 21*(1), 6–20.

Bar-On, Y. M., Phillips, R., & Milo, R. (2018). The biomass distribution on Earth. *Proceedings of the National Academy of Sciences, 115*(25), 6506–6511.

Barnhill, K. A., Roberts, J. M., Myers-Smith, I., Williams, M., Dexter, K. G., Ryan, C., Wolfram, U., & Hennige, S. J. (2023). Incorporating dead material in ecosystem assessments and projections. *Nature Climate Change, 13*(2), 113–115.

Bastida, F., Eldridge, D. J., García, C., Kenny Png, G., Bardgett, R. D., & Delgado-Baquerizo, M. (2021). Soil microbial diversity-biomass relationships are driven by soil carbon content across global biomes. *The ISME Journal, 15*(7), 2081–2091.

Basu, S., Lan, X., Dlugokencky, E., Michel, S., Schwietzke, S., Miller, J. B., Bruhwiler, L., Oh, Y., Tans, P. P., Apadula, F., Gatti, L. V., Jordan, A., Necki, J., Sasakawa, M., Morimoto, S., Di Iorio, T., Lee, H., Arduini, J., & Manca, G. (2022). Estimating emissions of methane consistent with atmospheric measurements of methane and $\delta^{13}C$ of methane. *Atmospheric Chemistry and Physics, 22*(23), 15351–15377.

Battin, T. J., Lauerwald, R., Bernhardt, E. S., Bertuzzo, E., Gener, L. G., Hall, R. O., Hotchkiss, E. R., Maavara, T., Pavelsky, T. M., Ran, L., Raymond, P., Rosentreter, J. A., & Regnier, P. (2023). River ecosystem metabolism and carbon biogeochemistry in a changing world. *Nature, 613*(7944), 449–459.

Beaumont, L. J., Hughes, L., & Poulsen, M. (2005). Predicting species distributions: use of climatic parameters in BIOCLIM and its impact on predictions of species' current and future distributions. *Ecological Modelling, 186*(2), 251–270.

Begon, M., & Townsend, C. R. (2021). *Ecology: From Individuals to Ecosystems* (5th ed.). Wiley.

Berzaghi, F., Cosimano, T., Fullenkamp, C., Scanlon, J., Fon, T. E., Robson, M. T., Forbang, J. L., & Chami, R. (2022). Value wild animals' carbon services to fill the biodiversity financing gap. *Nature Climate Change, 12*(7), 598-601.

Blanchard, G., & Munoz, F. (2023). Revisiting extinction debt through the lens of multitrophic networks and meta-ecosystems. *Oikos, 2023*(3), e09435.

Bolstad, P. (2016). *GIS Fundamentals: A first text on Geographic information systems* (5th ed.). XanEdu Publishing.

Box, M. A., Box, G. P., & Deepak, A. (1979). Special techniques for remote sensing of physical characteristics of submicron atmospheric aerosols. *Journal of Aerosol Science, 10*(2), 210–211.

Braghiere, R. K., Fisher, J. B., Allen, K., Brzostek, E., Shi, M., Yang, X., Ricciuto, D. M., Fisher, R. A., Zhu, Q., & Phillips, R. P. (2022). Modeling Global Carbon Costs of Plant Nitrogen and Phosphorus Acquisition. *Journal of Advances in Modeling Earth Systems, 14*(8), e2022MS003204.

Brandão, M., Milà i Canals, L., & Clift, R. (2021). *Food, Feed, Fuel, Timber or Carbon Sink? Towards Sustainable Land Use — A Consequential Life Cycle Approach*. Springer.

Brennan, A., Naidoo, R., Greenstreet, L., Mehrabi, Z., Ramankutty, N., & Kremen, C. (2022). Functional connectivity of the world's protected areas. *Science, 376*(6597), 1101–1104.

Brownlie, W. J., Sutton, M. A., Heal, K. V., Reay, D. S., & Spears, B. M. (Eds.). (2022). *Our Phosphorus Future: Towards global phosphorus sustainability*. UK Centre for Ecology & Hydrology (UKCEH).

Bultan, S., Nabel, J. E. M. S., Hartung, K., Ganzenmüller, R., Xu, L., Saatchi, S., & Pongratz, J. (2022). Tracking 21st century anthropogenic and natural carbon fluxes through model-data integration. *Nature Communications, 13*(1), 5516.

Burd, A. B. (2024). Modeling the Vertical Flux of Organic Carbon in the Global Ocean. Annual Review of Marine Science, 16, 135–161.

Burdige, D. J. (2011). Estuarine and Coastal Sediments – Coupled Biogeochemical Cycling. In E. Wolanski & D. McLusky (Eds.), *Treatise on Estuarine and Coastal Science* (pp. 279–316). Elsevier.

Bytnerowicz, T. A., Akana, P. R., Griffin, K. L., & Menge, D. N. L. (2022). Temperature sensitivity of woody nitrogen fixation across species and growing temperatures. *Nature Plants, 8*(3),

209-216.

Camenzind, T., Mason-Jones, K., Mansour, I., Rillig, M. C., & Lehmann, J. (2023). Formation of necromass-derived soil organic carbon determined by microbial death pathways. *Nature Geoscience, 16*(2), 115-122.

Capone, D. G., Bronk, D. A., Mulholland, M. R., & Carpenter, E. J. (2008). *Nitrogen in the Marine Environment* (2nd ed.). Academic Press.

Carpenter, S. R., & Bennett, E. M. (2011). Reconsideration of the planetary boundary for phosphorus. *Environmental Research Letters, 6*(1), 014009.

Case, N. T., Berman, J., Blehert, D. S., Cramer, R. A., Cuomo, C., Currie, C. R., Ene, I. V., Fisher, M. C., Fritz-Laylin, L. K., Gerstein, A. C., Glass, N. L., Gow, N. A. R., Gurr, S. J., Hittinger, C. T., Hohl, T. M., Iliev, I. D., James, T. Y., Jin, H., Klein, B. S., . . . Cowen, L. E. (2022). The future of fungi: threats and opportunities. *G3 Genes|Genomes|Genetics, 12*(11), jkac224.

Cavicchioli, R., Ripple, W. J., Timmis, K. N., Azam, F., Bakken, L. R., Baylis, M., Behrenfeld, M. J., Boetius, A., Boyd, P. W., Classen, A. T., Crowther, T. W., Danovaro, R., Foreman, C. M., Huisman, J., Hutchins, D. A., Jansson, J. K., Karl, D. M., Koskella, B., Mark Welch, D. B., . . . Webster, N. S. (2019). Scientists' warning to humanity: microorganisms and climate change. *Nature Reviews Microbiology, 17*(9), 569-586.

CBD COP12. (2014). *Analysis on the Implications of the Use of the Term "Indigenous Peoples and Local Communities" for the Convention and Its Protocols.* (UNEP/CBD/COP/12/5/Add.1). Secretariat of the Convention on Biological Diversity.

CBD COP15. (2022). *Kunming-Montreal Global biodiversity framework.* (CBD/COP/DEC/15/4). Secretariat of the Convention on Biological Diversity.

CBD Secretariat. (2020). *Global Biodiversity Outlook 5.* Secretariat of the Convention on Biological Diversity.

CBD Secretariat. (2022a). *Science briefs on targets, goals and monitoring* in support of the post-2020 global biodiversity framework negotiations: Ecosystem Restoration.* Secretariat of the Convention on Biological Diversity.

CBD Secretariat. (2022b). *Science briefs on targets, goals and monitoring in support of the post-2020 global biodiversity framework negotiations: Target 3 – Protected and Conserved Areas.* Secretariat of the Convention on Biological Diversity.

CBD Secretariat. (2022c). *Science briefs on targets, goals and monitoring in support of the post-2020 global biodiversity framework negotiations: Target 7 – Pollution.* Secretariat of the Convention on Biological Diversity.

CBD Secretariat. (2022d). *Science briefs on targets, goals and monitoring in support of the post-2020 global biodiversity framework negotiations: Target 8 – Climate Change.* Secretariat of the Convention on Biological Diversity.

Chamas, A., Moon, H., Zheng, J., Qiu, Y., Tabassum, T., Jang, J. H., Abu-Omar, M., Scott, S. L., & Suh, S. (2020). Degradation Rates of Plastics in the Environment. *ACS Sustainable Chemistry & Engineering, 8*(9), 3494–3511.

Chen, Z.-L., Song, W., Hu, C.-C., Liu, X.-J., Chen, G.-Y., Walters, W. W., Michalski, G., Liu, C.-Q., Fowler, D., & Liu, X.-Y. (2022). Significant contributions of combustion-related sources to ammonia emissions. *Nature Communications, 13*(1), 7710.

Chibwe, L., De Silva, A. O., Spencer, C., Teixera, C. F., Williamson, M., Wang, X., & Muir, D. C. G. (2023). Target and Nontarget Screening of Organic Chemicals and Metals in Recycled Plastic Materials. *Environmental Science & Technology, 57*(8), 3380–3390.

Choudhary, D. K., Mishra, A., & Varma, A. (Eds.). (2021). *Climate Change and the Microbiome: Sustenance of the Ecosphere.* Springer.

Chowdhury, S., Zalucki, M. P., Hanson, J. O., Tiatragul, S., Green, D., Watson, J. E. M., & Fuller, R. A. (2023). Three-quarters of insect species are insufficiently represented by protected areas. *One Earth, 6*(2), 139–146

Chure, G., Banks, R. A., Flamholz, A. I., Sarai, N. S., Kamb, M., Lopez-Gomez, I., Bar-On, Y., Milo, R., & Phillips, R. (2022). Anthroponumbers.org: A quantitative database of human impacts on Planet Earth. *Patterns, 3*(9), 100552.

Ciais, P. et al. (2022). Definitions and methods to estimate regional land carbon fluxes for the second phase of the REgional Carbon Cycle Assessment and Processes Project (RECCAP-2). *Geoscientific Model Development, 15*(3), 1289–1316.

Constable, J. V. H., & Friend, A. L. (2000). Suitability of process-based tree growth models for addressing tree response to climate change. *Environmental Pollution, 110*(1), 47–59.

Coppola, A. I., Wagner, S., Lennartz, S. T., Seidel, M., Ward, N. D., Dittmar, T., Santín, C., & Jones, M. W. (2022). The black carbon cycle and its role in the Earth system. *Nature Reviews Earth & Environment, 3*(8), 516–532.

Corlett, R. T. (2023). Green Shoots: A Burning Embers for biodiversity? *Global Change Biology, 29*(14), 3851-3853.

Crisp, D., Dolman, H., Tanhua, T., McKinley, G. A., Hauck, J., Bastos, A., Sitch, S., Eggleston, S., & Aich, V. (2022). How Well Do We Understand the Land-Ocean-Atmosphere Carbon Cycle? *Reviews of Geophysics, 60*(2), e2021RG000736.

da Silva, J. J. R. F., & Williams, R. J. P. (2001). *The Biological Chemistry of the Elements: The Inorganic Chemistry of Life* (2nd ed.). Oxford University Press.

Dalelane, C., Winderlich, K., & Walter, A. (2023). Evaluation of global teleconnections in CMIP6 climate projections using complex networks. *Earth System Dynamics, 14*(1), 17–37.

Daly, C., Neilson, R. P., & Phillips, D. L. (1994). A Statistical-Topographic Model for Mapping Climatological Precipitation over Mountainous Terrain. *Journal of Applied Meteorology and Climatology, 33*(2), 140–158.

De Hertog, S. J., Havermann, F., Vanderkelen, I., Guo, S., Luo, F., Manola, I., Coumou, D., Davin, E. L., Duveiller, G., Lejeune, Q., Pongratz, J., Schleussner, C. F., Seneviratne, S. I., &

Thiery, W. (2022). The biogeophysical effects of idealized land cover and land management changes in Earth system models. *Earth System Dynamics, 13*(3), 1305–1350.

Delgado-Baquerizo, M., García-Palacios, P., Bradford, M. A., Eldridge, D. J., Berdugo, M., Sáez-Sandino, T., Liu, Y.-R., Alfaro, F., Abades, S., Bamigboye, A. R., Bastida, F., Blanco-Pastor, J. L., Duran, J., Gaitan, J. J., Illán, J. G., Grebenc, T., Makhalanyane, T. P., Jaiswal, D. K., Nahberger, T. U., . . . Plaza, C. (2023). Biogenic factors explain soil carbon in paired urban and natural ecosystems worldwide. Nature *Climate Change, 13*(5), 450–455.

Deng, S., Deng, X., Griscom, B., Li, T., Yuan, W., & Qin, Z. (2023). Can nature help limit warming below 1.5°C? *Global Change Biology, 29*(2), 289–291.

Denissen, J. M. C., Teuling, A. J., Pitman, A. J., Koirala, S., Migliavacca, M., Li, W., Reichstein, M., Winkler, A. J., Zhan, C., & Orth, R. (2022). Widespread shift from ecosystem energy to water limitation with climate change. *Nature Climate Change, 12*(7), 677–684.

Denning, A. S. (2022). Where Has All the Carbon Gone? *Annual Review of Earth and Planetary Sciences, 50*, 55–78.

Derrien, D., Barré, P., Basile-Doelsch, I., Cécillon, L., Chabbi, A., Crème, A., Fontaine, S., Henneron, L., Janot, N., Lashermes, G., Quénéa, K., Rees, F., & Dignac, M.-F. (2023). Current controversies on mechanisms controlling soil carbon storage: implications for interactions with practitioners and policy-makers. A review. *Agronomy for Sustainable Development, 43*(1), 21.

Desing, H. (2022). Below zero. *Environmental Science: Advances, 1*(5), 612–619.

DeVries, T. (2022). The Ocean Carbon Cycle. *Annual Review of Environment and Resources, 47*, 317–341.

Dixson-Declève, S., Gaffney, O., Ghosh, J., Randers, J., Rockström, J., & Stoknes, P. E. (2022). E*arth for All: A Survival Guide for Humanity*. New Society Publishers.

Dorigo, W. et al. (2021). Closing the Water Cycle from Observations across Scales: Where Do We Stand? *Bulletin of the American Meteorological Society, 102*(10), E1897–E1935.

Dordevic, D., Capikova, J., Dordevic, S., Tremlová, B., Gajdács, M., & Kushkevych, I. (2023). Sulfur content in foods and beverages and its role in human and animal metabolism: A scoping review of recent studies. *Heliyon, 9*(4), e15452.

Douville, H., Allan, R. P., Arias, P. A., Betts, R. A., Caretta, M. A., Cherchi, A., Mukherji, A., Raghavan, K., & Renwick, J. (2022). Water remains a blind spot in climate change policies. *PLOS Water, 1*(12), e0000058.

Dudley, N. (Ed.). (2008). *Guidelines for Applying Protected Area Management Categories*. IUCN (International Union for Conservation of Nature).

Duncanson, L., Liang, M., Leitold, V., Armston, J., Krishna Moorthy, S. M., Dubayah, R., Costedoat, S., Enquist, B. J., Fatoyinbo, L., Goetz, S. J., Gonzalez-Roglich, M., Merow, C., Roehrdanz, P. R., Tabor, K., & Zvoleff, A. (2023). The effectiveness of global protected areas for climate change mitigation. *Nature Communications, 14*(1), 2908.

Emerson, S. R., & Hamme, R. C. (2022). *Chemical Oceanography: Element Fluxes in the Sea*. Cambridge University Press.

Erb, M. P., McKay, N. P., Steiger, N., Dee, S., Hancock, C., Ivanovic, R. F., Gregoire, L. J., & Valdes, P. (2022). Reconstructing Holocene temperatures in time and space using paleoclimate data assimilation. *Climate of the Past, 18*(12), 2599–2629.

Falkowski, P. G., Fenchel, T., & Delong, E. F. (2008). The Microbial Engines That Drive Earth's Biogeochemical Cycles. Science, 320(5879), 1034–1039.

Fanin, N., Mooshammer, M., Sauvadet, M., Meng, C., Alvarez, G., Bernard, L., Bertrand, I., Blagodatskaya, E., Bon, L., Fontaine, S., Niu, S., Lashermes, G., Maxwell, Tania L., Weintraub, M. N., Wingate, L., Moorhead, D., & Nottingham, A. T. (2022). Soil enzymes in response to climate warming: Mechanisms and feedbacks. *Functional Ecology, 36*(6), 1378–1395.

FAO. (2020). *Global Forest Resources Assessment 2020.* Food and Agriculture Organization of the United Nations (FAO).

FAO. (2022). *Soils for Nutrition: State of the Art.* Food and Agriculture Organization of the United Nations (FAO).

Fernández-Martínez, M., Peñuelas, J., Chevallier, F., Ciais, P., Obersteiner, M., Rödenbeck, C., Sardans, J., Vicca, S., Yang, H., Sitch, S., Friedlingstein, P., Arora, V. K., Goll, D. S., Jain, A. K., Lombardozzi, D. L., McGuire, P. C., & Janssens, I. A. (2023). Diagnosing destabilization risk in global land carbon sinks. *Nature, 615*(7954), 848–853.

Folberth, G. A., Staniaszek, Z., Archibald, A. T., Gedney, N., Griffiths, P. T., Jones, C. D., O'Connor, F. M., Parker, R. J., Sellar, A. A., & Wiltshire, A. (2022). Description and Evaluation of an Emission-Driven and Fully Coupled Methane Cycle in UKESM1. *Journal of Advances in Modeling Earth Systems, 14*(7), e2021MS002982.

Forster, P., Rosen, D., Lamboll, R., Rogelj, J. (2022, November 11). What the tiny remaining 1.5C carbon budget means for climate policy. *Carbon Brief.*

Forster, P. M., Smith, C. J., Walsh, T., Lamb, W. F., Lamboll, R., Hauser, M., Ribes, A., Rosen, D., Gillett, N., Palmer, M. D., Rogelj, J., von Schuckmann, K., Seneviratne, S. I., Trewin, B., Zhang, X., Allen, M., Andrew, R., Birt, A., Borger, A., . . . Zhai, P. (2023). Indicators of Global Climate Change 2022: annual update of large-scale indicators of the state of the climate system and human influence. *Earth System Science Data, 15*(6), 2295–2327.

Fowler, D., Coyle, M., Skiba, U., Sutton, M. A., Cape, J. N., Reis, S., Sheppard, L. J., Jenkins, A., Grizzetti, B., Galloway, J. N., Vitousek, P., Leach, A., Bouwman, A. F., Butterbach-Bahl, K., Dentener, F., Stevenson, D., Amann, M., & Voss, M. (2013). The global nitrogen cycle in the twenty-first century.

Philosophical Transactions of the Royal Society B: Biological Sciences, 368(1621), 20130164.

Fowler, D., Steadman, C. E., Stevenson, D., Coyle, M., Rees, R. M., Skiba, U. M., Sutton, M. A., Cape, J. N., Dore, A. J., Vieno, M., Simpson, D., Zaehle, S., Stocker, B. D., Rinaldi, M., Facchini, M. C., Flechard, C. R., Nemitz, E., Twigg, M., Erisman, J. W., . . . Galloway, J. N. (2015). Effects of global change during the 21st century on the nitrogen cycle. *Atmospheric Chemistry and Physics, 15*(24), 13849–13893.

Frederikse, T., Landerer, F., Caron, L., Adhikari, S., Parkes, D., Humphrey, V. W., Dangendorf, S., Hogarth, P., Zanna, L., Cheng, L., & Wu, Y.-H. (2020). The causes of sealevel rise since 1900. *Nature, 584*(7821), 393–397.

Frémont, P., Gehlen, M., Vrac, M., Leconte, J., Delmont, T. O., Wincker, P., Iudicone, D., & Jaillon, O. (2022). Restructuring of plankton genomic biogeography in the surface ocean under climate change. *Nature Climate Change, 12*(4), 393–401.

Friedlingstein, P., O'Sullivan, M., Jones, M. W., Andrew, R. M., Gregor, L., Hauck, J., Le Quéré, C., Luijkx, I. T., Olsen, A., Peters, G. P., Peters, W., Pongratz, J., Schwingshackl, C., Sitch, S., Canadell, J. G., Ciais, P., Jackson, R. B., Alin, S. R., Alkama, R., . . . Zheng, B. (2022). Global Carbon Budget 2022. *Earth System Science Data, 14*(11), 4811–4900.

Friend, A. D., Schugart, H. H., & Running, S. W. (1993). A Physiology-Based Gap Model of Forest Dynamics. *Ecology, 74*(3), 792–797.

Fu, W., Moore, J. K., Primeau, F., Collier, N., Ogunro, O. O., Hoffman, F. M., & Randerson, J. T. (2022). Evaluation of Ocean Biogeochemistry and Carbon Cycling in CMIP Earth System Models with the International Ocean Model Benchmarking (IOMB) Software System. *Journal of Geophysical Research: Oceans, 127*(10), e2022JC018965.

Fu, Z., Ciais, P., Feldman, A. F., Gentine, P., Makowski, D., Prentice, I. C., Stoy, P. C., Bastos, A., & Wigneron, J.-P. (2022).

Critical soil moisture thresholds of plant water stress in terrestrial ecosystems. *Science Advances, 8*(44), eabq7827.

Galloway, J. N., Bleeker, A., & Erisman, J. W. (2021). The Human Creation and Use of Reactive Nitrogen: A Global and Regional Perspective. *Annual Review of Environment and Resources, 46*, 255–288.

García, F. C., Clegg, T., O'Neill, D. B., Warfield, R., Pawar, S., & Yvon-Durocher, G. (2023). The temperature dependence of microbial community respiration is amplified by changes in species interactions. *Nature Microbiology, 8*(2), 272–283.

Geary, W. L., Bode, M., Doherty, T. S., Fulton, E. A., Nimmo, D. G., Tulloch, A. I. T., Tulloch, V. J. D., & Ritchie, E. G. (2020). A guide to ecosystem models and their environmental applications. *Nature Ecology & Evolution, 4*(11), 1459–1471.

Gleick, P. (2023). *The Three Ages of Water: Prehistoric Past, Imperiled Present, and a Hope for the Future.* PublicAffairs.

Grassi, G., Schwingshackl, C., Gasser, T., Houghton, R. A., Sitch, S., Canadell, J. G., Cescatti, A., Ciais, P., Federici, S., Friedlingstein, P., Kurz, W. A., Sanz Sanchez, M. J., Abad Viñas, R., Alkama, R., Bultan, S., Ceccherini, G., Falk, S., Kato, E., Kennedy, D., . . . Pongratz, J. (2023). Harmonising the land-use flux estimates of global models and national inventories for 2000–2020. *Earth System Science Data, 15*(3), 1093–1114.

Greenspoon, L., Krieger, E., Sender, R., Rosenberg, Y., Bar-On, Y. M., Moran, U., Antman, T., Meiri, S., Roll, U., Noor, E., & Milo, R. (2023). The global biomass of wild mammals. *Proceedings of the National Academy of Sciences, 120*(10), e2204892120.

Grorud-Colvert, K., Sullivan-Stack, J., Roberts, C., Constant, V., Costa, B. H. e., Pike, E. P., Kingston, N., Laffoley, D., Sala, E., Claudet, J., Friedlander, A. M., Gill, D. A., Lester, S. E., Day, J. C., Gonçalves, E. J., Ahmadia, G. N., Rand, M., Villagomez, A., Ban, N. C., . . . Lubchenco, J. (2021). The MPA Guide: A framework to achieve global goals for the ocean. *Science,*

373(6560), eabf0861.

Gruber, N., & Galloway, J. N. (2008). An Earth-system perspective of the global nitrogen cycle. *Nature, 451*(7176), 293–296.

Gruber, N., Bakker, D. C. E., DeVries, T., Gregor, L., Hauck, J., Landschützer, P., McKinley, G. A., & Müller, J. D. (2023). Trends and variability in the ocean carbon sink. *Nature Reviews Earth & Environment, 4*(2), 119–134.

Guerra, C. A., Bardgett, R. D., Caon, L., Crowther, T. W., Delgado-Baquerizo, M., Montanarella, L., Navarro, L. M., Orgiazzi, A., Singh, B. K., Tedersoo, L., Vargas-Rojas, R., Briones, M. J. I., Buscot, F., Cameron, E. K., Cesarz, S., Chatzinotas, A., Cowan, D. A., Djukic, I., van den Hoogen, J., . . . Eisenhauer, N. (2021). Tracking, targeting, and conserving soil biodiversity. *Science, 371*(6526), 239–241.

Guerra, C. A., Berdugo, M., Eldridge, D. J., Eisenhauer, N., Singh, B. K., Cui, H., Abades, S., Alfaro, F. D., Bamigboye, A. R., Bastida, F., Blanco-Pastor, J. L., de los Ríos, A., Durán, J., Grebenc, T., Illán, J. G., Liu, Y.-R., Makhalanyane, T. P., Mamet, S., Molina-Montenegro, M. A., . . . Delgado-Baquerizo, M. (2022). Global hotspots for soil nature conservation. *Nature, 610*(7933), 693–698.

Guo, W.-Y., Serra-Diaz, J. M., Schrodt, F., Eiserhardt, W. L., Maitner, B. S., Merow, C., Violle, C., Anand, M., Belluau, M., Bruun, H. H., Byun, C., Catford, J. A., Cerabolini, B. E. L., Chacón-Madrigal, E., Ciccarelli, D., Cornelissen, J. H. C., Dang-Le, A. T., Frutos, A. d., Dias, A. S., . . . Svenning, J.-C. (2022). High exposure of global tree diversity to human pressure. *Proceedings of the National Academy of Sciences, 119*(25), e2026733119.

Hamilton, D. S., Perron, M. M. G., Bond, T. C., Bowie, A. R., Buchholz, R. R., Guieu, C., Ito, A., Maenhaut, W., Myriokefalitakis, S., Olgun, N., Rathod, S. D., Schepanski, K., Tagliabue, A., Wagner, R., & Mahowald, N. M. (2022). Earth, Wind, Fire, and Pollution: Aerosol Nutrient Sources and

Impacts on Ocean Biogeochemistry. *Annual Review of Marine Science, 14*, 303–330.

Hannula, S. E., & Morriën, E. (2022). Will fungi solve the carbon dilemma? *Geoderma, 413*, 115767.

Hansen, J. E., Sato, M., Simons, L., Nazarenko, L. S., Sangha, I., Kharecha, P., Zachos, J. C., von Schuckmann, K., Loeb, N. G., Osman, M. B., Jin, Q., Tselioudis, G., Jeong, E., Lacis, A., Ruedy, R., Russell, G., Cao, J., & Li, J. (2023). Global warming in the pipeline. *Oxford Open Climate Change, 3*(1), kgad008.

Harris, N. L., Gibbs, D. A., Baccini, A., Birdsey, R. A., de Bruin, S., Farina, M., Fatoyinbo, L., Hansen, M. C., Herold, M., Houghton, R. A., Potapov, P. V., Suarez, D. R., Roman-Cuesta, R. M., Saatchi, S. S., Slay, C. M., Turubanova, S. A., & Tyukavina, A. (2021). Global maps of twenty-first century forest carbon fluxes. *Nature Climate Change, 11*(3), 234–240.

Harris, P. T., Maes, T., Raubenheimer, K., & Walsh, J. P. (2023). A marine plastic cloud - Global mass balance assessment of oceanic plastic pollution. *Continental Shelf Research, 255*, 104947.

Haskett, J. D. (2022). The Carbon Cycle: Key Component of the Climate System, with Implications for Policy. *CRS Report*, R47214, Version 2. Congressional Research Service.

Hatton, I. A., Heneghan, R. F., Bar-On, Y. M., & Galbraith, E. D. (2021). The global ocean size spectrum from bacteria to whales. *Science Advances, 7*(46), eabh3732.

Hausfather, Z., Drake, H. F., Abbott, T., & Schmidt, G. A. (2020). Evaluating the Performance of Past Climate Model Projections. *Geophysical Research Letters, 47*(1), e2019GL085378.

Haxeltine, A., & Prentice, I. C. (1996). BIOME3: An equilibrium terrestrial biosphere model based on ecophysiological constraints, resource availability, and competition among plant functional types. *Global Biogeochemical Cycles, 10*(4), 693–709.

Held, I. M., & Soden, B. J. (2006). Robust Responses of the Hydrological Cycle to Global Warming. *Journal of Climate, 19*(21), 5686–5699.

Hewitt, C. D., Guglielmo, F., Joussaume, S., Bessembinder, J., Christel, I., Doblas-Reyes, F. J., Djurdjevic, V., Garrett, N., Kjellström, E., Krzic, A., Costa, M. M., & St. Clair, A. L. (2021). Recommendations for Future Research Priorities for Climate Modeling and Climate Services. *Bulletin of the American Meteorological Society, 102*(3), E578–E588.

Higgins, S. I., Conradi, T., & Muhoko, E. (2023). Shifts in vegetation activity of terrestrial ecosystems attributable to climate trends. *Nature Geoscience, 16*(2), 147–153.

Hilty, L.M., Page, B., Radermacher, F.J., & Riekert, W.-F. (1995). Environmental Informatics as a New Discipline of Applied Computer Science. In N. M. Avouris, & B. Page (Eds.), *Environmental Informatics: Methodology and Applications of Environmental Information Processing* (pp. 1–13). Springer.

Holdridge, L. R. (1967). *Life Zone Ecology* (Revised Ed.). Tropical Science Center.

Holzer, M., & DeVries, T. (2022). Source-Labeled Anthropogenic Carbon Reveals a Large Shift of Preindustrial Carbon From the Ocean to the Atmosphere. *Global Biogeochemical Cycles, 36*(10), e2022GB007405.

Horwath, M., Gutknecht, B. D., Cazenave, A., Palanisamy, H. K., Marti, F., Marzeion, B., Paul, F., Le Bris, R., Hogg, A. E., Otosaka, I., Shepherd, A., Döll, P., Cáceres, D., Müller Schmied, H., Johannessen, J. A., Nilsen, J. E. Ø., Raj, R. P., Forsberg, R., Sandberg Sørensen, L., . . . Benveniste, J. (2022). Global sea-level budget and ocean-mass budget, with a focus on advanced data products and uncertainty characterisation. *Earth System Science Data, 14*(2), 411–447.

Huggett, R. (2023). Soil as part of the Earth system. *Progress in Physical Geography: Earth and Environment, 47*(3), 454–466.

Hutchins, D. A., & Capone, D. G. (2022). The marine nitrogen cycle: new developments and global *change*. *Nature Reviews Microbiology, 20*(7), 401–414.

Hutchins, D. A., & Sañudo-Wilhelmy, S. A. (2022). The

Enzymology of Ocean Global Change. *Annual Review of Marine Science, 14*, 187–211.

IEA (International Energy Agency). (2022). *Securing Clean Energy Technology Supply Chains*. IEA Publications.

IMO. (2018). Amendments to MARPOL Annex VI: Prohibition on the carriage of non-compliant fuel oil for combustion purposes for propulsion or operation on board a ship. (MEPC 73/19/Add.1). International Maritime Organization.

INC. (2023a). *Zero draft text of the international legally binding instrument on plastic pollution, including in the marine environment*. (UNEP/PP/INC.3/4). Intergovernmental Negotiating Committee to develop an international legally binding instrument on plastic pollution, including in the marine environment (INC).

INC. (2023b). *Revised draft text of the international legally binding instrument on plastic pollution, including in the marine environment*. (UNEP/PP/INC.4/3). Intergovernmental Negotiating Committee to develop an international legally binding instrument on plastic pollution, including in the marine environment (INC).

International Resource Panel (IRP). (2020). *Resource Efficiency and Climate Change: Material Efficiency Strategies for a Low-Carbon Future*. United Nations Environment Programme (UNEP).

IPBES task force on scenarios and models. (2022). Information on advanced work on scenarios and models of biodiversity and ecosystem functions and services. (IPBES/9/INF/16). *IPBES 9 Plenary*, 3–9 July 2022.

IPCC. (2019). *Climate Change and Land: an IPCC special report on climate change, desertification, land degradation, sustainable land management, food security, and greenhouse gas fluxes in terrestrial ecosystems* (P. R. Shukla, J. Skea, E. C. Buendía, V. Masson-Delmotte, H.-O. Pörtner, D. C. Roberts, P. Zhai, R. Slade, S. Connors, R. van Diemen, M. Ferrat, E. Haughey, S. Luz, S. Neogi, M. Pathak, J. Petzold, J. Portugal Pereira, P. Vyas,

E. Huntley, K. Kissick, M. Belkacemi, & J. Malley, Eds.). Cambridge University Press.

IPCC. (2021). *Climate Change 2021: The Physical Science Basis. Contribution of Working Group I to the Sixth Assessment Report of the Intergovernmental Panel on Climate Change* (V. Masson-Delmotte, P. Zhai, A. Pirani, S. L. Connors, C. Péan, S. Berger, N. Caud, Y. Chen, L. Goldfarb, M. I. Gomis, M. Huang, K. Leitzell, E. Lonnoy, J. B. R. Matthews, T. K. Maycock, T. Waterfield, O. Yelekçi, R. Yu, & B. Zhou, Eds.). Cambridge University Press.

IPCC. (2022a). *Climate Change 2022: Impacts, Adaptation and Vulnerability* (H.-O. Pörtner, D. C. Roberts, H. Adams, I. Adelekan, C. Adler, R. Adrian, P. Aldunce, E. Ali, R. A. Begum, B. B. Friedl, R. B. Kerr, R. Biesbroek, J. Birkmann, K. Bowen, M. A. Caretta, J. Carnicer, E. Castellanos, T. S. Cheong, W. Chow, G. C. G. Cissé, & Z. Z. Ibrahim, Eds.). Cambridge University Press.

IPCC. (2022b). *Climate Change 2022: Mitigation of Climate Change. Contribution of Working Group III to the Sixth Assessment Report of the Intergovernmental Panel on Climate Change* (P. R. Shukla, J. Skea, R. Slade, A. Al Khourdajie, R. van Diemen, D. McCollum, M. Pathak, S. Some, P. Vyas, R. Fradera, M. Belkacemi, A. Hasija, G. Lisboa, S. Luz, & J. Malley, Eds.). Cambridge University Press.

Issa, A. A., Abd-Alla, M. H., & Ohyama, T. (2014). Nitrogen Fixing Cyanobacteria: Future Prospect. In T. Ohyama (Ed.), *Advances in Biology and Ecology of Nitrogen Fixation* (Chapter 2). IntechOpen. https://doi.org/10.5772/56995

Iversen, M. H. (2023). Carbon Export in the Ocean: A Biologist's Perspective. *Annual Review of Marine Science, 15*(1), 357–381.

Jansson, J. K., & Wu, R. (2023). Soil viral diversity, ecology and climate change. *Nature Reviews Microbiology, 21*(5), 296–311.

Jaureguiberry, P., Titeux, N., Wiemers, M., Bowler, D. E., Coscieme, L., Golden, A. S., Guerra, C. A., Jacob, U., Takahashi, Y., Settele, J., Díaz, S., Molnár, Z., & Purvis, A.

(2022). The direct drivers of recent global anthropogenic biodiversity loss. *Science Advances, 8*(45), eabm9982.

Jiang, L.-Q., Carter, B. R., Feely, R. A., Lauvset, S. K., & Olsen, A. (2019). Surface ocean pH and buffer capacity: past, present and future. *Scientific Reports, 9*(1), 18624.

Jickells, T. D., Buitenhuis, E., Altieri, K., Baker, A. R., Capone, D., Duce, R. A., Dentener, F., Fennel, K., Kanakidou, M., LaRoche, J., Lee, K., Liss, P., Middelburg, J. J., Moore, J. K., Okin, G., Oschlies, A., Sarin, M., Seitzinger, S., Sharples, J., . . . Zamora, L. M. (2017). A reevaluation of the magnitude and impacts of anthropogenic atmospheric nitrogen inputs on the ocean. *Global Biogeochemical Cycles, 31*(2), 289–305.

Jordan, C. F. (2022). *Evolution from a Thermodynamic Perspective: Implications for Species Conservation and Agricultural Sustainability*. Springer.

Jung, M., Arnell, A., de Lamo, X., García-Rangel, S., Lewis, M., Mark, J., Merow, C., Miles, L., Ondo, I., Pironon, S., Ravilious, C., Rivers, M., Schepaschenko, D., Tallowin, O., van Soesbergen, A., Govaerts, R., Boyle, B. L., Enquist, B. J., Feng, X., . . . Visconti, P. (2021). Areas of global importance for conserving terrestrial biodiversity, carbon and water. *Nature Ecology & Evolution, 5*(11), 1499–1509.

Kaku, M. (2023). *Quantum supremacy: how the quantum computer revolution will change everything*. Doubleday.

Keenan, T. F., & Williams, C. A. (2018). The Terrestrial Carbon Sink. *Annual Review of Environment and Resources, 43*, 219–243.

Kemp, A. C., Wright, A. J., Edwards, R. J., Barnett, R. L., Brain, M. J., Kopp, R. E., Cahill, N., Horton, B. P., Charman, D. J., Hawkes, A. D., Hill, T. D., & van de Plassche, O. (2018). Relative sea-level change in Newfoundland, Canada during the past 3000 years. *Quaternary Science Reviews, 201*, 89–110.

Kikstra, J. S., Nicholls, Z. R. J., Smith, C. J., Lewis, J., Lamboll, R. D., Byers, E., Sandstad, M., Meinshausen, M., Gidden, M. J., Rogelj, J., Kriegler, E., Peters, G. P., Fuglestvedt, J. S., Skeie,

R. B., Samset, B. H., Wienpahl, L., van Vuuren, D. P., van der Wijst, K. I., Al Khourdajie, A., . . . Riahi, K. (2022). The IPCC Sixth Assessment Report WGIII climate assessment of mitigation pathways: from emissions to global temperatures. *Geoscientific Model Development, 15*(24), 9075–9109.

Kim, G.-S., Lee, S.-g., Lee, J., Park, E., Song, C., Hong, M., Ko, Y.-J., & Lee, W.-K. (2022). Effects of Forest and Agriculture Land Covers on Organic Carbon Flux Mediated through Precipitation. *Water, 14*(4), 623.

Kim, H. H., Laufkötter, C., Lovato, T., Doney, S. C., & Ducklow, H. W. (2023). Projected 21st-century changes in marine heterotrophic bacteria under climate change. *Frontiers in Microbiology, 14*, 1049579.

Kleidon, A. (2023). Understanding the Earth as a Whole System: From the Gaia Hypothesis to Thermodynamic Optimality and Human Societies. In P. König & O. Schlaudt (Eds.), *Kosmos: Vom Umgang mit der Welt zwischen Ausdruck und Ordnung* (pp. 417–446). Heidelberg University Publishing.

Kleidon, A., Messori, G., Baidya Roy, S., Didenkulova, I., & Zeng, N. (2023). Editorial: Global warming is due to an enhanced greenhouse effect, and anthropogenic heat emissions currently play a negligible role at the global scale. *Earth System Dynamics, 14*(1), 241–242.

Kok, M. T. J., Meijer, J. R., van Zeist, W.-J., Hilbers, J. P., Immovilli, M., Janse, J. H., Stehfest, E., Bakkenes, M., Tabeau, A., Schipper, A. M., & Alkemade, R. (2023). Assessing ambitious nature conservation strategies in a below 2-degree and FAO food-secure world. *Biological Conservation, 284*, 110068.

Kou-Giesbrecht, S., Arora, V. K., Seiler, C., Arneth, A., Falk, S., Jain, A. K., Joos, F., Kennedy, D., Knauer, J., Sitch, S., O'Sullivan, M., Pan, N., Sun, Q., Tian, H., Vuichard, N., & Zaehle, S. (2023). Evaluating nitrogen cycling in terrestrial biosphere models: a disconnect between the carbon and nitrogen cycles. *Earth System Dynamics, 14*(4), 767–795.

Kuypers, M. M. M., Marchant, H. K., & Kartal, B. (2018). The microbial nitrogen-cycling network. *Nature Reviews Microbiology, 16*(5), 263–276.

Lai, E. N., Wang-Erlandsson, L., Virkki, V., Porkka, M., & van der Ent, R. J. (2023). Root zone soil moisture in over 25% of global land permanently beyond pre-industrial variability as early as 2050 without climate policy. *Hydrology and Earth System Sciences, 27*(21), 3999–4018.

Lamichhane, G., Acharya, A., Marahatha, R., Modi, B., Paudel, R., Adhikari, A., Raut, B. K., Aryal, S., & Parajuli, N. (2023). Microplastics in environment: global concern, challenges, and controlling measures. *International Journal of Environmental Science and Technology, 20*(4), 4673–4694.

Landrigan, P. J., Raps, H., Cropper, M., Bald, C., Brunner, M., Canonizado, E. M., Charles, D., Chiles, T. C., Donohue, M. J., Enck, J., Fenichel, P., Fleming, L. E., Ferrier-Pages, C., Fordham, R., Gozt, A., Griffin, C., Hahn, M. E., Haryanto, B., Hixson, R., . . . Dunlop, S. (2023). The Minderoo-Monaco Commission on Plastics and Human Health. *Annals of Global Health, 89*(1), 23.

Lim, C.-H., Song, C., Choi, Y., Jeon, S. W., & Lee, W.-K. (2019). Decoupling of forest water supply and agricultural water demand attributable to deforestation in North Korea. *Journal of Environmental Management, 248*, 109256.

Lindsey, R. (2022). Climate Change: Global Sea Level. Climate.gov. Retrieved from https://www.climate.gov/news-features/understanding-climate/climate-change-global-sea-level

Liu, L., Xu, W., Lu, X., Zhong, B., Guo, Y., Lu, X., Zhao, Y., He, W., Wang, S., Zhang, X., Liu, X., & Vitousek, P. (2022). Exploring global changes in agricultural ammonia emissions and their contribution to nitrogen deposition since 1980. *Proceedings of the National Academy of Sciences, 119*(14), e2121998119.

Lu, C., & Tian, H. (2017). Global nitrogen and phosphorus fertilizer use for agriculture production in the past half century: shifted hot spots and nutrient imbalance. *Earth System Science Data, 9*(1), 181–192.

Lycus, P., Einsle, O., & Zhang, L. (2023). Structural biology of proteins involved in nitrogen cycling. *Current Opinion in Chemical Biology, 74*, 102278.

MacLeod, M., Arp, H. P. H., Tekman, M. B., & Jahnke, A. (2021). The global threat from plastic pollution. *Science, 373*(6550), 61–65.

Makarieva, A. M., Nefiodov, A. V., Nobre, A. D., Sheil, D., Nobre, P., Pokorný, J., Hesslerová, P., & Li, B.-L. (2022). Vegetation impact on atmospheric moisture transport under increasing land-ocean temperature contrasts. *Heliyon, 8*(10), e11173.

Mäkipää, R., Abramoff, R., Adamczyk, B., Baldy, V., Biryol, C., Bosela, M., Casals, P., Curiel Yuste, J., Dondini, M., Filipek, S., Garcia-Pausas, J., Gros, R., Gömöryová, E., Hashimoto, S., Hassegawa, M., Immonen, P., Laiho, R., Li, H., Li, Q., . . . Lehtonen, A. (2023). How does management affect soil C sequestration and greenhouse gas fluxes in boreal and temperate forests? – A review. *Forest Ecology and Management, 529*, 120637.

Mann, M. E. (2023, November 1). Comments on new article by James Hansen. *Michael E. Mann.* https://michaelmann.net/content/comments-new-article-james-hansen

Marcarelli, A. M., Fulweiler, R. W., & Scott, J. T. (2022). Nitrogen fixation: A poorly understood process along the freshwater-marine continuum. *Limnology and Oceanography Letters, 7*(1), 1–10.

Martin, A. H., Pearson, H. C., Saba, G. K., & Olsen, E. M. (2021). Integral functions of marine vertebrates in the ocean carbon cycle and climate change mitigation. *One Earth, 4*(5), 680–693.

McCartney, M., Rex, W., Yu, W., Uhlenbrook, S., & von Gnechten, R. (2022). *Change in Global Freshwater Storage.* International Water Management Institute (IWMI).

Meadows, D. H., Meadows, D. L., Randers, J., & Behrens, W. W., III. (1972). *The Limits to Growth*. Universe Books.

Meng, Z., Dong, J., Ellis, E. C., Metternicht, G., Qin, Y., Song, X.-P., Löfqvist, S., Garrett, R. D., Jia, X., & Xiao, X. (2023). Post-2020 biodiversity framework challenged by cropland expansion in protected areas. *Nature Sustainability, 6*(7), 758–768.

Middelburg, J. J. (2019). *Marine Carbon Biogeochemistry: A Primer for Earth System Scientists*. Springer.

Mishra, A., Humpenöder, F., Churkina, G., Reyer, C. P. O., Beier, F., Bodirsky, B. L., Schellnhuber, H. J., Lotze-Campen, H., & Popp, A. (2022). Land use change and carbon emissions of a transformation to timber cities. *Nature Communications, 13*(1), 4889.

Moran, M. A., Kujawinski, E. B., Schroer, W. F., Amin, S. A., Bates, N. R., Bertrand, E. M., Braakman, R., Brown, C. T., Covert, M. W., Doney, S. C., Dyhrman, S. T., Edison, A. S., Eren, A. M., Levine, N. M., Li, L., Ross, A. C., Saito, M. A., Santoro, A. E., Segrè, D., . . . Vardi, A. (2022). Microbial metabolites in the marine carbon cycle. *Nature Microbiology, 7*(4), 508–523.

Mueller, L. K., Ågerstrand, M., Backhaus, T., Diamond, M., Erdelen, W. R., Evers, D., Groh, K. J., Scheringer, M., Sigmund, G., Wang, Z., & Schäffer, A. (2023). Policy options to account for multiple chemical pollutants threatening biodiversity. *Environmental Science: Advances, 2*(2), 151–161.

Murali, G., Iwamura, T., Meiri, S., & Roll, U. (2023). Future temperature extremes threaten land vertebrates. *Nature, 615*(7952), 461–467.

Muraoka, H., & Koizumi, H. (2009). Satellite Ecology (SATECO)—linking ecology, remote sensing and micrometeorology, from plot to regional scale, for the study of ecosystem structure and function. *Journal of Plant Research, 122*(1), 3–20.

Nam, S., Wu, Y., Hwang, J., Rykaczewski, R., & Kim, G. (Eds). (2022). *Physics and Biogeochemistry of the East Asian Marginal Seas*. Frontiers Media.

Naylor, D., Sadler, N., Bhattacharjee, A., Graham, E. B., Anderton, C. R., McClure, R., Lipton, M., Hofmockel, K. S., & Jansson, J. K. (2020). Soil Microbiomes Under Climate Change and Implications for Carbon Cycling. *Annual Review of Environment and Resources, 45*, 29–59.

Newton, A. C. (2021). *Ecosystem Collapse and Recovery*. Cambridge University Press.

Nisbet, E. G., Manning, M. R., Dlugokencky, E. J., Michel, S. E., Lan, X., Röckmann, T., van der Denier Gon, H. A. C., Schmitt, J., Palmer, P. I., Dyonisius, M. N., Oh, Y., Fisher, R. E., Lowry, D., France, J. L., White, J. W. C., Brailsford, G., & Bromley, T. (2023). Atmospheric methane: Comparison between methane's record in 2006–2022 and during glacial terminations. *Global Biogeochemical Cycles, 37*(8), e2023GB007875.

NIST. (2019). *Periodic Table: Atomic Properties of the Elements*. National Institute of Standards and Technology (NIST). Retrieved from https://www.nist.gov/pml/periodic-table-elements

Nolan, C. J., Field, C. B., & Mach, K. J. (2021). Constraints and enablers for increasing carbon storage in the terrestrial biosphere. *Nature Reviews Earth & Environment, 2*(6), 436–446.

Nottingham, A. T., Scott, J. J., Saltonstall, K., Broders, K., Montero-Sanchez, M., Püspök, J., Bååth, E., & Meir, P. (2022). Microbial diversity declines in warmed tropical soil and respiration rise exceed predictions as communities adapt. *Nature Microbiology, 7*(10), 1650–1660.

NREL. (2022a, 2022b, 2022c, 2022d, 2022e). *Supply Chain Deep Dive Assessments: Solar Photovoltaics (PV), Wind, Grid Energy Storage, Semiconductors, Water Electrolyzers and Fuel Cells*. National Renewable Energy Laboratory (NREL).

O'Gorman, E. J. (2022). Machine learning ecological networks. *Science, 377*(6609), 918–919.

OECD. (2022a). *Global Plastics Outlook: Economic Drivers, Environmental Impacts and Policy Options*. OECD Publishing.

OECD. (2022b). *Global Plastics Outlook: Policy Scenarios to 2060*. OECD Publishing.

OECD. (2022c). *OECD Environment Statistics*. Organisation for Economic Cooperation and Development (OECD). https://doi.org/10.1787/env-data-en

Ombadi, M., Risser, M. D., Rhoades, A. M., & Varadharajan, C. (2023). A warming-induced reduction in snow fraction amplifies rainfall extremes. *Nature, 619*(7969), 305–310.

Otosaka, I. N., Shepherd, A., Ivins, E. R., Schlegel, N. J., Amory, C., van den Broeke, M. R., Horwath, M., Joughin, I., King, M. D., Krinner, G., Nowicki, S., Payne, A. J., Rignot, E., Scambos, T., Simon, K. M., Smith, B. E., Sørensen, L. S., Velicogna, I., Whitehouse, P. L., . . . Wouters, B. (2023). Mass balance of the Greenland and Antarctic ice sheets from 1992 to 2020. *Earth System Science Data, 15*(4), 1597–1616.

Overholt, W. A., Trumbore, S., Xu, X., Bornemann, T. L. V., Probst, A. J., Krüger, M., Herrmann, M., Thamdrup, B., Bristow, L. A., Taubert, M., Schwab, V. F., Hölzer, M., Marz, M., & Küsel, K. (2022). Carbon fixation rates in groundwater similar to those in oligotrophic marine systems. *Nature Geoscience, 15*(7), 561–567.

Padrón, R. S., Gudmundsson, L., Liu, L., Humphrey, V., & Seneviratne, S. I. (2022). Drivers of intermodel uncertainty in land carbon sink projections. *Biogeosciences, 19*(23), 5435–5448.

Park, E. (2021). Assessment of Afforestation Options with Special Emphasis on Forest Productivity and Carbon Storage in North Korea. *IIASA YSSP Report*. International Institute for Applied Systems Analysis (IIASA).

Park, K.-W., Oh, H.-J., Moon, S.-Y., Yoo, M.-H., & Youn, S.-H. (2022). Effects of Miniaturization of the Summer Phytoplankton Community on the Marine Ecosystem in the Northern East China Sea. *Journal of Marine Science and Engineering, 10*(3), 315.

Paul, P. K., Choudhury, A., Biswas, A., & Singh, B. K. (2022). *Environmental Informatics*. Springer.

Pearson, H. C., Savoca, M. S., Costa, D. P., Lomas, M. W., Molina, R., Pershing, A. J., Smith, C. R., Villaseñor-Derbez, J. C., Wing, S. R., & Roman, J. (2023). Whales in the carbon cycle: can recovery remove carbon dioxide? *Trends in Ecology & Evolution, 38*(3), 238–249.

Peng, Y., Prentice, I. C., Bloomfield, K. J., Campioli, M., Guo, Z., Sun, Y., Tian, D., Wang, X., Vicca, S., & Stocker, B. D. (2023). Global terrestrial nitrogen uptake and nitrogen use efficiency. *Journal of Ecology, 111*(12), 2676–2693.

Peñuelas, J., Poulter, B., Sardans, J., Ciais, P., van der Velde, M., Bopp, L., Boucher, O., Godderis, Y., Hinsinger, P., Llusia, J., Nardin, E., Vicca, S., Obersteiner, M., & Janssens, I. A. (2013). Human-induced nitrogen–phosphorus imbalances alter natural and managed ecosystems across the globe. *Nature Communications, 4*(1), 2934.

Peñuelas, J., & Sardans, J. (2022). The global nitrogen-phosphorus imbalance. *Science, 375*(6578), 266–267.

Plank, B., Streeck, J., Virág, D., Krausmann, F., Haberl, H., & Wiedenhofer, D. (2022). From resource extraction to manufacturing and construction: flows of stock-building materials in 177 countries from 1900 to 2016. *Resources, Conservation and Recycling, 179*, 106122.

Pörtner, H. O. et al. (2021). *Scientific outcome of the IPBES-IPCC co-sponsored workshop on biodiversity and climate change*. IPBES secretariat.

Potter, C. S., & Klooster, S. A. (1997). Global model estimates of carbon and nitrogen storage in litter and soil pools: response to changes in vegetation quality and biomass allocation. *Tellus B, 49*(1), 1–17.

Poulter, B., Canadell, J. G., Hayes, D. J., & Thompson, R. L. (Eds.). (2022). *Balancing Greenhouse Gas Budgets: Accounting for Natural and Anthropogenic Flows of CO_2 and other Trace Gases*. Elsevier.

Purkis, S., & Chirayath, V. (2022). Remote Sensing the Ocean Biosphere. *Annual Review of Environment and Resources, 47*,

823–847.

Quéguiner, B. (2016). *The Biogeochemical Cycle of Silicon in the Ocean.* John Wiley & Sons.

Rangel-Buitrago, N., Neal, W., & Williams, A. (2022). The Plasticene: Time and rocks. *Marine Pollution Bulletin, 185,* 114358.

Ratnarajah, L., Abu-Alhaija, R., Atkinson, A., Batten, S., Bax, N. J., Bernard, K. S., Canonico, G., Cornils, A., Everett, J. D., Grigoratou, M., Ishak, N. H. A., Johns, D., Lombard, F., Muxagata, E., Ostle, C., Pitois, S., Richardson, A. J., Schmidt, K., Stemmann, L., . . . Yebra, L. (2023). Monitoring and modelling marine zooplankton in a changing climate. *Nature Communications, 14*(1), 564.

Recknagel, F., & Michener, W. K. (2018). *Ecological Informatics* (3rd ed.) Springer.

Regnier, P., Resplandy, L., Najjar, R. G., & Ciais, P. (2022). The land-to-ocean loops of the global carbon cycle. *Nature, 603*(7901), 401–410.

Reineke, W., & Schlömann, M. (2023). *Environmental Microbiology.* Springer Spektrum.

Richardson, K., Steffen, W., Lucht, W., Bendtsen, J., Cornell, S. E., Donges, J. F., Drüke, M., Fetzer, I., Bala, G., von Bloh, W., Feulner, G., Fiedler, S., Gerten, D., Gleeson, T., Hofmann, M., Huiskamp, W., Kummu, M., Mohan, C., Nogués-Bravo, D., . . . Rockström, J. (2023). Earth beyond six of nine planetary boundaries. *Science Advances, 9*(37), eadh2458.

Rosentreter, J. A., Laruelle, G. G., Bange, H. W., Bianchi, T. S., Busecke, J. J. M., Cai, W.-J., Eyre, B. D., Forbrich, I., Kwon, E. Y., Maavara, T., Moosdorf, N., Najjar, R. G., Sarma, V. V. S. S., Van Dam, B., & Regnier, P. (2023). Coastal vegetation and estuaries are collectively a greenhouse gas sink. Nature *Climate Change, 13*(6), 579–587.

Roy, S., Naidu, D. G. T., & Bagchi, S. (2023). Functional substitutability of native herbivores by livestock for soil carbon stock is mediated by microbial decomposers. *Global Change Biology, 29*(8), 2141-2155.

Rubin, H. J., Fu, J. S., Dentener, F., Li, R., Huang, K., & Fu, H. (2023). Global nitrogen and sulfur deposition mapping using a measurement-model fusion approach. *Atmospheric Chemistry and Physics, 23*(12), 7091-7102.

RUBISCO SFA (RUBISCO Science Focus Area). (2022). ILAMB (International Land Model Benchmarking) — Results. U.S. Department of Energy. https://www.ilamb.org/results.html

Sanderson, B. M. (2023). Against climate hypocrisy: why the IPCC needs its own net-zero target. *Nature, 617*, 653.

Šantl-Temkiv, T., Amato, P., Casamayor, E. O., Lee, P. K. H., & Pointing, S. B. (2022). Microbial ecology of the atmosphere. *FEMS Microbiology Reviews, 46*(4), fuac009.

Sasai, T., Okamoto, K., Hiyama, T., & Yamaguchi, Y. (2007). Comparing terrestrial carbon fluxes from the scale of a flux tower to the global scale. *Ecological Modelling, 208*(2), 135-144.

Sayedi, S. S., Abbott, B. W., Vannière, B., Leys, B., Colombaroli, D., Romera, G. G., Słowiński, M., Aleman, J. C., Blarquez, O., Feurdean, A., Brown, K., Aakala, T., Alenius, T., Allen, K., Andric, M., Bergeron, Y., Biagioni, S., Bradshaw, R., Bremond, L., . . . Daniau, A.-L. (2024). Assessing changes in global fire regimes. *Fire Ecology, 20*(1), 18.

Scanlon, B. R., Fakhreddine, S., Rateb, A., de Graaf, I., Famiglietti, J., Gleeson, T., Grafton, R. Q., Jobbagy, E., Kebede, S., Kolusu, S. R., Konikow, L. F., Long, D., Mekonnen, M., Schmied, H. M., Mukherjee, A., MacDonald, A., Reedy, R. C., Shamsudduha, M., Simmons, C. T., . . . Zheng, C. (2023). Global water resources and the role of groundwater in a resilient water future. *Nature Reviews Earth & Environment, 4*(2), 87-101.

Schaub, G., & Turek, T. (2016). *Energy Flows, Material Cycles and Global Development: A Process Engineering Approach to the Earth System* (2nd ed.). Springer.

Schimel, J. (2023). Modeling ecosystem-scale carbon dynamics in soil: The microbial dimension. *Soil Biology and Biochemistry, 178*, 108948.

Schipanski, M. E., & Bennett, E. M. (2021). The Phosphorus Cycle. In K. C. Weathers, D. L. Strayer, & G. E. Likens (Eds.), *Fundamentals of Ecosystem Science* (2nd ed., pp. 189–213). Academic Press.

Schipper, A. M., & Barbarossa, V. (2022). Global congruence of riverine fish species richness and human presence. *Global Ecology and Biogeography, 31*(8), 1501–1512.

Schlesinger, W. H., & Bernhardt, E. S. (2020). *Biogeochemistry: An Analysis of Global Change* (4th ed.). Academic Press.

Schmitt, R. J. P., Rosa, L., & Daily, G. C. (2022). Global expansion of sustainable irrigation limited by water storage. *Proceedings of the National Academy of Sciences, 119*(47), e2214291119.

Schmitz, O. J., & Leroux, S. J. (2020). Food Webs and Ecosystems: Linking Species Interactions to the Carbon Cycle. *Annual Review of Ecology, Evolution, and Systematics, 51*, 271–295.

Schmitz, O. J., & Sylvén, M. (2023). Animating the Carbon Cycle: How Wildlife Conservation Can Be a Key to Mitigate Climate Change. *Environment: Science and Policy for Sustainable Development, 65*(3), 5–17.

Schoonen, M. A. (2018). Sulfur Cycle. In W. M. White (Ed.), Encyclopedia of Geochemistry: *A Comprehensive Reference Source on the Chemistry of the Earth* (pp. 1399–1401). Springer.

Schulte-Uebbing, L. F., Beusen, A. H. W., Bouwman, A. F., & de Vries, W. (2022). From planetary to regional boundaries for agricultural nitrogen pollution. *Nature, 610*(7932), 507–512.

Scripps Institution of Oceanography. (2023). The Keeling Curve. Scripps Institution of Oceanography at UC San Diego. Retrieved April 19, 2023 from https://keelingcurve.ucsd.edu/

Seiler, C., Melton, J. R., Arora, V. K., Sitch, S., Friedlingstein, P., Anthoni, P., Goll, D., Jain, A. K., Joetzjer, E., Lienert, S., Lombardozzi, D., Luyssaert, S., Nabel, J. E. M. S., Tian, H.,

Vuichard, N., Walker, A. P., Yuan, W., & Zaehle, S. (2022). Are Terrestrial Biosphere Models Fit for Simulating the Global Land Carbon Sink? *Journal of Advances in Modeling Earth Systems, 14*(5), e2021MS002946.

Sepp, S.-K., Vasar, M., Davison, J., Oja, J., Anslan, S., Al-Quraishy, S., Bahram, M., Bueno, C. G., Cantero, J. J., Fabiano, E. C., Decocq, G., Drenkhan, R., Fraser, L., Garibay Oriel, R., Hiiesalu, I., Koorem, K., Kõljalg, U., Moora, M., Mucina, L., . . . Zobel, M. (2023). Global diversity and distribution of nitrogen-fixing bacteria in the soil. *Frontiers in Plant Science, 14*, 1100235.

Shade, A. (2023). Microbiome rescue: directing resilience of environmental microbial communities. *Current Opinion in Microbiology, 72*, 102263.

Shin, Y.-J., Midgley, G. F., Archer, E. R. M., Arneth, A., Barnes, D. K. A., Chan, L., Hashimoto, S., Hoegh-Guldberg, O., Insarov, G., Leadley, P., Levin, L. A., Ngo, H. T., Pandit, R., Pires, A. P. F., Pörtner, H.-O., Rogers, A. D., Scholes, R. J., Settele, J., & Smith, P. (2022). Actions to halt biodiversity loss generally benefit the climate. *Global Change Biology, 28*(9), 2846–2874.

Shugart, H. H. (1993). Global Change. In A. M. Solomon & H. H. Shugart (Eds.), *Vegetation Dynamics & Global Change* (pp. 3–21). Springer.

Siegel, D. A., DeVries, T., Cetinić, I., & Bisson, K. M. (2023). Quantifying the Ocean's Biological Pump and Its Carbon Cycle Impacts on Global Scales. *Annual Review of Marine Science, 15*, 329–356.

Sigmund, G., Ågerstrand, M., Antonelli, A., Backhaus, T., Brodin, T., Diamond, M. L., Erdelen, W. R., Evers, D. C., Hofmann, T., Hueffer, T., Lai, A., Machado Torres, J. P., Mueller, L., Perrigo, A. L., Rillig, M. C., Schaeffer, A., Scheringer, M., Schirmer, K., Tlili, A., . . . Groh, K. J. (2023). Addressing chemical pollution in biodiversity research. *Global Change Biology, 29*(12), 3240–3255.

Silvy, Y., Rousset, C., Guilyardi, E., Sallée, J. B., Mignot, J., Ethé, C., & Madec, G. (2022). A modeling framework to understand historical and projected ocean climate change in large coupled ensembles. *Geoscientific Model Development, 15*(20), 7683–7713.

Simmonds, J. S., Suarez-Castro, A. F., Reside, A. E., Watson, J. E. M., Allan, J. R., Atkinson, S. C., Borrelli, P., Dudley, N., Edwards, S., Fuller, R. A., Game, E. T., Linke, S., Maxwell, S. L., Panagos, P., Puydarrieux, P., Quétier, F., Runting, R. K., Santini, T., Sonter, L. J., & Maron, M. (2023). Retaining natural vegetation to safeguard biodiversity and humanity. *Conservation Biology, 37*(3), e14040.

Smil, V. (2022). *How the World Really Works: The Science Behind How We Got Here and Where We're Going*. Viking.

Smith, D., Abeli, T., Bruns, E. B., Dalrymple, S. E., Foster, J., Gilbert, T. C., Hogg, C. J., Lloyd, N. A., Meyer, A., Moehrenschlager, A., Murrell, O., Rodriguez, J. P., Smith, P. P., Terry, A., & Ewen, J. G. (2023). Extinct in the wild: The precarious state of Earth's most threatened group of species. *Science, 379*(6634), eadd2889.

Smith, N. (2019). The seven ages of materials. *E&T: Engineering and Technology, 14*(9), 22–25.

Smith, N. J., McDonald, G. W., & Patterson, M. G. (2020). Biogeochemical cycling in the anthropocene: Quantifying global environment-economy exchanges. *Ecological Modelling, 418*, 108816.

Smith, P., Nabuurs, G.-J., Janssens, I. A., Reis, S., Marland, G., Soussana, J.-F., Christensen, T. R., Heath, L., Apps, M., Alexeyev, V., Fang, J., Gattuso, J.-P., Guerschman, J. P., Huang, Y., Jobbagy, E., Murdiyarso, D., Ni, J., Nobre, A., Peng, C., . . . Zhou, G. S. (2008). Sectoral approaches to improve regional carbon budgets. *Climatic Change, 88*(3), 209–249.

Sokol, N. W., Slessarev, E., Marschmann, G. L., Nicolas, A., Blazewicz, S. J., Brodie, E. L., Firestone, M. K., Foley, M. M.,

Hestrin, R., Hungate, B. A., Koch, B. J., Stone, B. W., Sullivan, M. B., Zablocki, O., Trubl, G., McFarlane, K., Stuart, R., Nuccio, E., Weber, P., . . . Consortium, L. S. M. (2022). Life and death in the soil microbiome: how ecological processes influence biogeochemistry. *Nature Reviews Microbiology, 20*(7), 415–430.

Sovacool, B. K., Baum, C. M., & Low, S. (2023). Reviewing the sociotechnical dynamics of carbon removal. *Joule, 7*(1), 57–82.

Sparey, M., Cox, P., & Williamson, M. S. (2023). Bioclimatic change as a function of global warming from CMIP6 climate projections. *Biogeosciences, 20*(2), 451–488.

Stern, N. (2006). *Stern Review on the Economics of Climate Change*. HM Treasury.

Strona, G., & Bradshaw, C. J. A. (2022). Coextinctions dominate future vertebrate losses from climate and land use change. *Science Advances, 8*(50), eabn4345.

Supran, G., Rahmstorf, S., & Oreskes, N. (2023). Assessing ExxonMobil's global warming projections. *Science, 379*(6628), eabk0063.

Sutton, M. A., Bleeker, A., Howard, C. M., Bekunda, M., Grizzetti, B., de Vries, W., van Grinsven, H. J. M., Abrol, Y. P., Adhya, T. K., Billen, G., Davidson, E. A., Datta, A., Diaz, R., Erisman, J. W., Liu, X. J., Oenema, O., Palm, C., Raghuram, N., Reis, S., . . . Zhang, F. S. (2013). *Our Nutrient World: The challenge to produce more food and energy with less pollution*. Centre for Ecology and Hydrology (CEH).

Tedersoo, L., Mikryukov, V., Zizka, A., Bahram, M., Hagh-Doust, N., Anslan, S., Prylutskyi, O., Delgado-Baquerizo, M., Maestre, F. T., Pärn, J., Öpik, M., Moora, M., Zobel, M., Espenberg, M., Mander, Ü., Khalid, A. N., Corrales, A., Agan, A., Vasco-Palacios, A.-M., . . . Abarenkov, K. (2022). Global patterns in endemicity and vulnerability of soil fungi. *Global Change Biology, 28*(22), 6696–6710.

Tian, H., Bian, Z., Shi, H., Qin, X., Pan, N., Lu, C., Pan, S., Tubiello,

F. N., Chang, J., Conchedda, G., Liu, J., Mueller, N., Nishina, K., Xu, R., Yang, J., You, L., & Zhang, B. (2022). History of anthropogenic Nitrogen inputs (HaNi) to the terrestrial biosphere: a 5 arcmin resolution annual dataset from 1860 to 2019. *Earth System Science Data, 14*(10), 4551–4568.

Trenberth, K. E. (2022). *The Changing Flow of Energy Through the Climate System*. Cambridge University Press.

Tziperman, E. (2022). *Global Warming Science: A Quantitative Introduction to Climate Change and Its Consequences*. Princeton University Press.

UNEA. (2022, March 2). *End plastic pollution: Towards an international legally binding instrument*. Resolution 5/14 (UNEP/EA.5/Res.14). United Nations Environment Assembly (UNEA).

UNEP. (1998). *Handbook on Methods for Climate Change Impact Assessment and Adaptation Strategies. Version 2.0*. United Nations Environment Programme (UNEP).

UNEP. (2021a). *Adaptation Gap Report 2020*. United Nations Environment Programme (UNEP).

UNEP. (2021b). *Making Peace with Nature: A scientific blueprint to tackle the climate, biodiversity and pollution emergencies*. United Nations Environment Programme (UNEP).

UNEP. (2022). *Plastics science*. (UNEP/PP/INC.1/7). United Nations Environment Programme (UNEP).

UNEP IRP. (2024). *Global Resources Outlook 2024: Summary for Policymakers*. International Resource Panel of the United Nations Environment Programme.

UNEP-WCMC. (2023). *February 2023 update of the WDPA and WD-OECM*. UN Environment Programme World Conservation Monitoring Centre (UNEP-WCMC).

Uribe, M. d. R., Coe, M. T., Castanho, A. D. A., Macedo, M. N., Valle, D., & Brando, P. M. (2023). Net loss of biomass predicted for tropical biomes in a changing climate. *Nature Climate Change, 13*(3), 274–281.

van de Water, A., Henley, M., Bates, L., & Slotow, R. (2022). The value of elephants: A pluralist approach. *Ecosystem Services, 58*, 101488.

van Wees, D., van der Werf, G. R., Randerson, J. T., Rogers, B. M., Chen, Y., Veraverbeke, S., Giglio, L., & Morton, D. C. (2022). Global biomass burning fuel consumption and emissions at 500 m spatial resolution based on the Global Fire Emissions Database (GFED). *Geoscientific Model Development, 15*(22), 8411–8437.

Vereecken, H., Amelung, W., Bauke, S. L., Bogena, H., Brüggemann, N., Montzka, C., Vanderborght, J., Bechtold, M., Blöschl, G., Carminati, A., Javaux, M., Konings, A. G., Kusche, J., Neuweiler, I., Or, D., Steele-Dunne, S., Verhoef, A., Young, M., & Zhang, Y. (2022). Soil hydrology in the Earth system. *Nature Reviews Earth & Environment, 3*(9), 573–587.

Viles, H., & Coombes, M. (2022). Biogeomorphology in the Anthropocene: A hierarchical, traits-based approach. *Geomorphology, 417*, 108446.

von Schuckmann, K., Minière, A., Gues, F., Cuesta-Valero, F. J., Kirchengast, G., Adusumilli, S., Straneo, F., Ablain, M., Allan, R. P., Barker, P. M., Beltrami, H., Blazquez, A., Boyer, T., Cheng, L., Church, J., Desbruyeres, D., Dolman, H., Domingues, C. M., García-García, A., . . . Zemp, M. (2023). Heat stored in the Earth system 1960–2020: where does the energy go? *Earth System Science Data, 15*(4), 1675–1709.

Wan, J., & Crowther, T. W. (2022). Uniting the scales of microbial biogeochemistry with trait-based modelling. *Functional Ecology, 36*(6), 1457–1472.

Wan, X. S., Sheng, H.-X., Dai, M., Casciotti, K. L., Church, M. J., Zou, W., Liu, L., Shen, H., Zhou, K., Ward, B. B., & Kao, S.-J. (2023). Epipelagic nitrous oxide production offsets carbon sequestration by the biological pump. *Nature Geoscience, 16*(1), 29–36.

WCRP. (2023). *A WCRP vision for accessible, useful and reliable climate modeling systems: Report of the Future of Climate Modeling Workshop, online* (March 21–24, 2022). (P. Forster et al., Eds.). WCRP Publication, 03/2023.

Wen, H., Sullivan, P. L., Billings, S. A., Ajami, H., Cueva, A., Flores, A., Hirmas, D. R., Koop, A. N., Murenbeeld, K., Zhang, X., & Li, L. (2022). From Soils to Streams: Connecting Terrestrial Carbon Transformation, Chemical Weathering, and Solute Export Across Hydrological Regimes. *Water Resources Research, 58*(7), e2022WR032314.

Wolfram, P., Kyle, P., Zhang, X., Gkantonas, S., & Smith, S. (2022). Using ammonia as a shipping fuel could disturb the nitrogen cycle. *Nature Energy, 7*(12), 1112–1114.

Xu, L., Saatchi, S. S., Yang, Y., Yu, Y., Pongratz, J., Bloom, A. A., Bowman, K., Worden, J., Liu, J., Yin, Y., Domke, G., McRoberts, R. E., Woodall, C., Nabuurs, G.-J., de-Miguel, S., Keller, M., Harris, N., Maxwell, S., & Schimel, D. (2021). Changes in global terrestrial live biomass over the 21st century. *Science Advances, 7*(27), eabe9829.

Yamamoto, A., Hajima, T., Yamazaki, D., Noguchi Aita, M., Ito, A., & Kawamiya, M. (2022). Competing and accelerating effects of anthropogenic nutrient inputs on climate-driven changes in ocean carbon and oxygen cycles. *Science Advances, 8*(26), eabl9207.

Yang, P. F., Spanier, N., Aldredge, P., Shahid, N., Coleman, A., Lyons, J., & Langley, J. A. (2023). Will free-living microbial community composition drive biogeochemical responses to global change? *Biogeochemistry, 162*(3), 285–307.

Yang, Y., Keiluweit, M., Senesi, N., & Xing, B. (Eds.). (2022). *Multi-Scale Biogeochemical Processes in Soil Ecosystems: Critical Reactions and Resilience to Climate Changes.* John Wiley & Sons.

Yeo, S.-R., Yeh, S.-W., & Lee, W.-S. (2019). Two Types of Heat Wave in Korea Associated with Atmospheric Circulation Pattern. *Journal of Geophysical Research: Atmospheres, 124*(14), 7498–7511.

Yuan, Z., Jiang, S., Sheng, H., Liu, X., Hua, H., Liu, X., & Zhang, Y. (2018). Human Perturbation of the Global Phosphorus

Cycle: Changes and Consequences. *Environmental Science & Technology, 52*(5), 2438–2450.

Zeng, Y., Koh, L. P., & Wilcove, D. S. (2022). Gains in biodiversity conservation and ecosystem services from the expansion of the planet's protected areas. *Science Advances, 8*(22), eabl9885.

Zhang, X., Ward, B. B., & Sigman, D. M. (2020). Global Nitrogen Cycle: Critical Enzymes, Organisms, and Processes for Nitrogen Budgets and Dynamics. *Chemical Reviews, 120*(12), 5308–5351.

Zhou, J., Wen, Y., Rillig, M. C., Shi, L., Dippold, M. A., Zeng, Z., Kuzyakov, Y., Zang, H., Jones, D. L., & Blagodatskaya, E. (2023). Restricted power: Can microorganisms maintain soil organic matter stability under warming exceeding 2 degrees? *Global Ecology and Biogeography, 32*(6), 919–930.

Zhu, L., Hughes, A. C., Zhao, X.-Q., Zhou, L.-J., Ma, K.-P., Shen, X.-L., Li, S., Liu, M.-Z., Xu, W.-B., & Watson, J. E. M. (2021). Regional scalable priorities for national biodiversity and carbon conservation planning in Asia. *Science Advances, 7*(35), eabe4261.

Zou, T., Zhang, X., & Davidson, E. A. (2022). Global trends of cropland phosphorus use and sustainability challenges. *Nature, 611*(7934), 81–87.

2050 탄소중립위원회. (2021). 2050 탄소중립 시나리오.
관계부처합동. (2021). 2020년 이상기후 보고서. 기상청.
국립기상과학원. (2021). 우리나라 109년(1912~2020년) 기후변화 분석 보고서. 국립기상과학원.
기상청. (2018). 한반도 기후변화 전망분석서. 기상청.
기상청. (2020). 한국 기후변화 평가보고서 2020: 기후변화 과학적 근거. 기상청.
기상청. (2021a, 8월 8일). 기후위기 대응을 위한 시간, 얼마 남지 않았다. 보도자료.
기상청. (2021b). 기상청 기후변화 시나리오 산출과정. 기상청 기후정보포털.

기상청. (2022). 지역 기후변화 전망보고서(17개 광역시·도): SSP1-2.6/
 SSP5-8.5에 따른 기후변화 전망. 기상청.
기상청. (2023). 온실가스 연관정보 – 온실가스 복사강제력. 기상청 종합
 기후변화감시정보.
김도현·김진욱·김태준·변영화·정주용. (2022). 남한상세 기후변화
 전망보고서: SSP 4종 시나리오에 따른 기후변화 전망.
 국립기상과학원.
민기홍·이준이·박선기·하경자·홍윤·서용석. (2023). 한국기상학회 향후
 60년을 향한 미래 발전 방안. 한국기상학회 대기, 33(2), 297-306.
박훈. (2021). 지속가능한 미래를 위한 기후변화 데이터북.
 사회평론아카데미.
박훈. (2022). 기후위기, 미래를 만드는 방법. 품.
산림청. (2021). 2050 탄소중립 달성을 위한 산림부문 추진전략. 산림청.
세계자연보전연맹(IUCN). (2015). IUCN 적색목록 범주 및 기준 지침서,
 버전 11(국립 생물자원관, 옮김). 환경부(원서 출판 2014).
안중배·변영화·차동현. (2023). 기후변화 연구에 관한 한국기상학회
 60년사. 한국기상학회 대기, 33(2), 155-171.
온실가스종합정보센터. (2021). 2021 국가 온실가스 인벤토리 보고서.
 환경부 온실가스종합정보센터(GIR).
이구용·이민아. (2021). 커뮤니티 단위 탄소중립 달성 분석을 위한
 융·복합 기후기술 시뮬레이션 연구. 녹색기술센터.
이회성 등. (2011). 우리나라 기후변화의 경제학적 분석(II). 환경부.
정병헌·배재수·유리화·김기동·곽두안·김동현·김영환·장주연·설아라·
 임종수·이정희·최형태·김은숙·신중훈·박소희·김주미·한희.
 (2023). 산림자원, 임산물, 산림서비스의 장기전망. 국립산림과학원.
채여라 등. (2012). 우리나라 기후변화의 경제학적 분석(III):
 정책결정자를 위한 요약보고서. 환경부.
한국과학기술원. (2021). 온실가스-에너지 모형 비교연구.
 온실가스종합정보센터.
한국보호지역포럼. (2010). 보호지역 카테고리 적용을 위한 가이드라인.
 국립공원관리공단.
한국환경정책·평가연구원, 한국과학기술원 산학협력단, &
 포항공과대학교 산학협력단. (2021). 한국형 상하향식 온실가스
 통합 감축 시스템 개발: 기후변화대응 환경기술개발사업 제7차년도
 최종보고서. 환경부.

해양환경공단(KOEM). (n.d.). 해수온상승 시뮬레이터.
    https://www.koem.or.kr/site/
    koem/04/10401050000002019051004.jsp
행정안전부. (2020). 2019 재해연보. 행정안전부.
환경부. (2022, 12월 20일). 제15차 생물다양성협약 당사국총회(COP15)
    마무리 – 쿤밍 – 몬트리올 글로벌 생물다양성 프레임워크
    채택(보도자료).

데이터베이스

CMIP. (2023). All modelling centres and ESGF nodes. WCRP
    CMIP International Project Office.
    https://wcrp-cmip.org/nodes/
CMIP. (2023). CMIP6 Models. WCRP CMIP International Project
    Office.
    https://bit.ly/CMIP6-source-IDs
UNEP IRP. (2023). Global Material Flows Database. International
    Resource Panel of the United Nations Environment
    Programme.

통계자료

CAPSS (Clean Air Policy Support System). (2023). 대기오염물질
    배출량 정보. 국가미세먼지정보센터(National Air Emission
    Inventory and Research Center).
Chatham House. (2020). resourcetrade.earth. (iternational trade
    in natural resources). Chatham House, The Royal Institute
    of International Affairs. https://resourcetrade.earth/.
Copernicus Marine Service. (2023). MyOcean Pro.
    https://data.marine.copernicus.eu/viewer/expert
IFA. (2023). IFASTAT. International Fertilizer Association (IFA).
    https://www.ifastat.org/
USGS. (2023). Mineral commodity summaries 2023. U. S.
    Geological Survey.

약어

20CR	NOAA-CIRES-DOE Twentieth Century Reanalysis
ABS	Ascrylonitrile butadiene styrene
ACCESS	Australian Community Climate and Earth System Simulator
ADP	Adenosine diphosphate
AFOLU	Agriculture, Forestry and Other Land Use
AGCM	Atmospheric General Circulation Model
AIM	Asia-Pacific Integrated Model
AMIP	Atmospheric Model Intercomparison Project
AMO	Atlantic Multidecadal Oscillation
AMOC	Atlantic Meridional Overturning Circulation
AOGCM	Atmosphere–Ocean General Circulation Model
AR5	IPCC Fifth Assessment Report
AR6	IPCC Sixth Assessment Report
ARGO	Array for Real-time Geostrophic Oceanography
ASA	acrylonitrile styrene acrylate
ATP	adenosine triphosphate
AVIM	Atmosphere and Vegetation Interaction Model
Aviso	Archiving, Validation and Interpretation of Satellite Oceanographic data (a service set up by CNES, Centre National d'Etudes Spatiales)
BCC	Beijing Climate Center
BCE	Before the Common Era
BEC	Biogeochemical Elemental Cycling model
BLING	Biology Light Iron Nutrient and Gas model
BP	Before Present (i.e., "time before January 1, 1950")
C3IAM	China's Climate Change Integrated Assessment Model
CABLE	Community Atmosphere Biosphere Land Exchange
CAGR	Compound Annual Growth Rate
CAM	Community Atmosphere Model
CanESM	Canadian Earth System Model
CanOM	Canadian Ocean Model
CASA	Carnegie-Ames-Stanford Approach biosphere model

CBD	Convention on Biological Diversity
CBM-CFS3	Carbon Budget Model of the Canadian Forest Sector
CCCma	Canadian Centre for Climate modelling and analysis
CCLM	COSMO-CLM (Consortium for Small-scale Modelling + Climate Limited-area Modelling community)
CDR	carbon dioxide removal
CE	Common Era
CERFACS	Centre Européen de Recherche et de Formation Avancée en Calcul Scientifique
CESM	Community Earth System Model
CEVSA	Carbon Exchange between Vegetation, Soil & the Atmosphere
CFC	chlorofluorocarbon
CGE	Computable General Equilibrium
CICE	Community Ice CodE
CICERO	CICERO Senter for klimaforskning (CICERO Center for International Climate Research in Norway)
CIRES	Cooperative Institute for Research in Environmental Sciences at the University of Colorado Boulder
CLASS	Canadian Land Surface Scheme
CLM	Community Land Model
CMCC	Centro Euro-Mediterraneo sui Cambiamenti Climatici
CMEMS	Copernicus Marine Environment Monitoring Service (now, Copernicus Marine Service)
CMIP	Coupled Model Intercomparison Project
CMOC	Canadian Model of Ocean Carbon
CNRM	Centre National de Recherches Météorologiques (National Centre for Meteorological Research in France)
CO_2-eq	Carbon Dioxide Equivalent
COBALT	Carbon Ocean And Lower Trophics
COFFEE	COmputable Framework For Energy and the Environment model

COP	Conference of the Parties (French: CP, Conférence des Parties)
CORDEX	Coordinated Regional Climate Downscaling Experiment
CPD	Climate Positive Design
CR	Critically Endangered
CSA	Climate Smart Agriculture
CSIRO	Commonwealth Scientific and Industrial Research Organisation (in Australia)
CSM	Climate System Model
CTEM	Canadian Terrestrial Ecosystem Model
CTRIP	CNRM version of TRIP (Total Runoff Integrating Pathways)
CU	University of Colorado at Boulder
DGVM	Dynamic Global Vegetation Model
DIC	Dissolved Inorganic Carbon
DNA	Deoxyribonucleic acid
DOE	U.S. Department of Energy
DON	Dissolved Organic Nitrogen
DSSAT	Decision Support System for Agrotechnology Transfer
EAIS	East Antarctic Ice Sheet
ECMWF	European Centre for Medium-Range Weather Forecasts
ECS	Equilibrium Climate Sensitivity
EGMS	Energy Greenhouse as Modeling System
EIA	U.S. Energy Information Administration
EIEE	European Institute on Economics and the Environment
EN	Endangered
ENSO	El Niño-Southern Oscillation
EPIC	Environmental Policy Integrated Climate
EPPA	Emissions Prediction and Policy Analysis model
ER	ecosystem respiration

ERA	ECMWF reanalysis
ERF	Effective Radiative Forcing
ESA	European Space Agency
ESM	Earth System Model
F-gases	Fluorinated gases
FaIR	Finite Amplitude Impulse Response simple climate model
FAO	Food and Agriculture Organization of the United Nations
FGOALS	Flexible Global Ocean-Atmosphere-Land System model
G	(mathematical Italic capital G) Gibbs free energy
G4M	Global Forestry Model
GAMIL	Grid-point Atmospheric Model of the IAP LASG (IAP = Institute of Atmospheric Physics, Chinese Academy of Sciences; LASG = State Key Laboratory of Numerical Modeling for Atmospheric Sciences and Geophysical Fluid Dynamics)
GBF	Kunming-Montreal Global Biodiversity Framework
GCAM	Global Change Analysis Model
GCM	Global Climate Model
GCP	Global Carbon Project
GENeSYS	Global Energy System
GFDL	Geophysical Fluid Dynamics Laboratory
GIR	Greenhouse Gas Inventory & Research Center of Korea
GLOBIO	Global biodiversity model for policy support
GLOBIOM	Global Biosphere Management Model
GMSL	Global Mean Sea Level
GMST	Global Mean Surface Temperature
GPP	gross primary production
GRIMs	Global/Regional Integrated Model system
GSAT	Global Surface Air Temperature
GSLB	Global Sea Level Budget

Gt	gigatons (1 Gt = 10^9 tonnes = 1 billion tonnes)
GWLs	Global Warming Levels
GWP100	Global Warming Potential over a 100 year time horizon
HadCRUT	Hadley Centre/Climatic Research Unit Temperature
HadGEM	Hadley Centre Global Environment Model
HAMOCC	HAMburg Ocean Carbon Cycle model
HCFC	hydrochlorofluorocarbon
HDPE	High-density polyethylene
HFC	hydrofluorocarbon
HOAPS	Hamburg Ocean Atmosphere Parameters and Fluxes from Satellite data
HWP	Harvested Wood Products
HyTAG	Hydrological and Thermal Analogy Groups
IAM	Integrated Assessment Model
IAMC	Integrated Assessment Modeling Consortium
IC	inorganic carbon
IFA	International Fertilizer Association
IIASA	International Institute for Applied Systems Analysis
IMACLIM	IMpact Assessment of CLIMate policies
IMAGE	Integrated Model to Assess the Global Environment
IMBIE	Ice Sheet Mass Balance Intercomparison Exercise
IMO	International Maritime Organization
IMP	Illustrative Mitigation Pathway
INC	Intergovernmental Negotiating Committee to develop an international legally binding instrument on plastic pollution, including in the marine environment
IPBES	Intergovernmental Science-Policy Platform on Biodiversity and Ecosystem Services
IPCC	Intergovernmental Panel on Climate Change
IPLC	Indigenous Peoples and Local Communities
IPO	International Project Office
IPSL	Institut Pierre-Simon Laplace

ISBA	Interaction Soil-Biosphere-Atmosphere
ISIMIP	Inter-Sectoral Impact Model Intercomparison Project
IUCN	International Union for Conservation of Nature
JAMSTEC	Japan Agency for Marine-Earth Science and Technology
JMA	Japan Meteorological Agency
JRA	JMA reanalysis
JSBACH	Jena Scheme for Biosphere-Atmosphere Coupling in Hamburg
JULES-ES	Joint UK Land Environment Simulator Earth System configuration
K-ACE	KMA Advanced Community Earth-system model
KEEI	Korea Energy Economics Institute
KEI	Korea Environment Institute
KIER	Korea Institute of Energy Research
KMA	Korea Meteorological Administration
LDPE	Low-density polyethylene
LEAP	Low Emissions Analysis Platform
LEGOS	Laboratoire d'Etudes en Géophysique et Océanographie Spatiales (Laboratory of Space Geophysical and Oceanographic Studies in France)
LICOM	LASG/IAP Climate Ocean Model
LLDPE	linear low-density polyethylene
LNG	Liquefied Natural Gas
LSAT	Land Surface Air Temperature
LSM	Land Surface Model
LSWR	Low Sulfur Waxy Residue
LT-LEDS	Long-Term Low-Emission Development Strategies
LULUCF	Land Use, Land-Use Change and Forestry
MAGICC	Model for the Assessment of Greenhouse Gas Induced Climate Change
MAgPIE	Model of Agricultural Production and its Impact on the Environment
MARBL	Marine Biogeochemistry Library

MATSIRO	Minimal Advanced Treatments of Surface Interaction and RunOff
MCT	Model Coupling Toolkit
MEDUSA	Model of Ecosystem Dynamics, nutrient Utilisation, Sequestration and Acidification
MERGE	Model for Evaluating Regional and Global Effects of GHG reduction policies
MESSAGE	Model for Energy Supply Strategy Alternatives and their General Environmental impact
METER	Model for Energy Transition and Emission Reduction
Mg	megagram (1 Mg = 10^6 grams = 1 tonne)
MICOM	Miami Isopycnic Coordinate Ocean Model
MIP	Model Intercomparison Project
MIROC	Model for Interdisciplinary Research on Climate
MOM	Modular Ocean Model
MOSART	Model for Scale Adaptive River Transport
MOTIVE	Model Of InTegrated Impact and Vulnerability Evaluation
MPI	Max Planck Institute for Meteorology
MUSE	ModUlar energy systems Simulation Environment
NASA	National Aeronautics and Space Administration (in the United States)
NbS	Nature-based Solutions
NBSAPs	National Biodiversity Strategies and Action Plans
NCAR	National Center for Atmospheric Research
NCPs	Nature's Contributions to People
NEMO	Nucleus for European Modelling of the Ocean
NEMS	National Energy Modeling System
NEP	net ecosystem production
NFF	Nature Futures Framework
NIES	National Institute for Environmental Studies (in Japan)
NIST	National Institute of Standards and Technology (in the United States)

NMVOCs	Non-methane volatile organic compounds
NOAA	National Oceanic and Atmospheric Administration (in the United States)
NorESM	Norwegian Earth System Model
NPP	Net Primary Production
NVAP	NASA Water Vapour Project
OASIS	Ocean Atmosphere Sea Ice Soil
Obs4MIPs	Observations for Model Intercomparisons Project
OC	organic carbon
OECD	Organisation for Economic Cooperation and Development
OECMs	Other Effective area-based Conservation Measures
OECO	ocean ecosystem component
Openmod	open energy modelling initiative
ORCHIDEE	Organising Carbon and Hydrology In Dynamic Ecosystems
PA	Polyamide (nylon)
PAGE	Policy Analysis for the Greenhouse Effect model
PAN	peroxyacetyl nitrate
PAs	Protected Areas
PBL	Planbureau voor de Leefomgeving (Netherlands Environmental Assessment Agency)
pCO_2	partial pressure of carbon dioxide
PEI	Precipitation Effectiveness Index
PET	Polyethylene terephthalate
Pg	petagram (1 Pg = 10^{15} grams = 1 Gt)
PISCES	Pelagic Interactions Scheme for Carbon and Ecosystem Studies
PNNL	Pacific Northwest National Laboratory
POLES	Prospective Outlook on Long-term Energy Systems
PON	Particulate Organic Nitrogen
POP	Parallel Ocean Program
PP	Polypropylene
PRISM	Precipitation-elevation Regressions on Independent Slopes Model

PS	Polystyrene	
PUR	Polyurethane	
PVC	Polyvinyl chloride	
RCB	Remaining Carbon Budget	
RCM	Regional Climate Model	
RCMIP	Reduced Complexity Model Intercomparison Project	
RCPs	Representative Concentration Pathways	
RegCM	Regional Climate Model	
REmap	Renewable energy roadmaps	
REMIND	Regional Model of Investments and Development	
REMSS	Remote Sensing Systems	
RF	Radiative Forcing	
RFCs	Reasons for Concern	
RNA	Ribonucleic acid	
SAN	styrene acrylonitrile	
ScenarioMIP	Scenario Model Intercomparison Project	
SLCF	Short-Lived Climate Forcer	
SLCP	Short-Lived Climate Pollutant	
SLE	Sea Level Equivalent	
SMB	Surface Mass Balance	
SNURCM	Seoul National University Regional Climate Model	
SPI	Standard Precipitation Index	
SRF	Solid Refuse Fuel	
SSPs	Shared Socioeconomic Pathways	
SST	Sea Surface Temperature	
SWAT	Soil and Water Assessment Tool	
TCR	Transient Climate Response	
TCRE	Transient Climate Response to cumulative CO_2 Emissions	
TCWV	Total Column Water Vapour	
TIAM	TIMES Integrated Assessment Model	
TIMES	The Integrated MARKAL-EFOM System	
TOPAZ	Tracers of Phytoplankton with Allometric Zooplankton	

UKESM	UK Earth System Modelling project
UNEA	United Nations Environment Assembly
UNEP	United Nations Environment Programme
UNFCCC	United Nations Framework Convention on Climate Change
UNICON	Unified Climate Options Nexus
VIACS AB	Vulnerability, Impacts, Adaptation and Climate Services Advisory Board
VISIT	Vegetation Integrative SImulator for Trace gases model
VPD	Vapour Pressure Deficit
WAIS	West Antarctic Ice Sheet
WCRP	World Climate Research Programme
WGCM	Working Group on Climate Modelling
WIP	Working Group on Climate Modelling Infrastructure Panel
WITCH	World Induced Technical Change Hybrid model
WMGHGs	Well-Mixed Greenhouse Gases
WMO	World Meteorological Organization
WOMBAT	World Ocean Model of Biogeochemistry And Trophic-dynamics
WRF	Weather Research and Forecasting model
WWF	World Wide Fund for Nature

시각자료

표

1장. 기후변화

표 1-1   IPCC 평가 보고서(AR)의 영향
표 1-2   IPCC 특별 보고서(SR) 및 방법론 보고서(MR)의 주요 내용
표 1-3   IPCC AR5와 AR6 제1실무그룹 보고서의 주요 기후변화 요소
표 1-4   지구온난화 수준에 따른 부문별 10대 기후 위험

2장. 생태계 물질순환

표 2-1   지구상의 탄소 저장소 및 대기권 기준 흐름
표 2-2   다양한 서식 환경 및 영양 방식에 걸친 전 지구 생물 내 탄소 분포
표 2-3   유기물의 무기물화 반응
표 2-4   1990~2019년 해양의 이산화탄소 흡수
표 2-5   전 지구에 분포하는 물의 저장량
표 2-6   전 지구 물의 흐름
표 2-7   1981~1982년 대비 2009~2013년의 전 지구 증발산량 변화
표 2-8   1971~2020년 사이 주요 담수 저장소의 저장량 변화
표 2-9   대기와 해양의 활성 질소
표 2-10 육지와 해양의 전 지구 질소 흐름
표 2-11 지구상의 주요 인 저장소와 저장량
표 2-12 전 지구 주요 인의 흐름
표 2-13 황을 포함하는 주요 작용기와 생물에서 발견되는 형태
표 2-14 지구상의 주요 황 저장소와 저장량
표 2-15 전 지구 주요 황의 흐름
표 2-16 우리나라의 연료별 황 산화물 배출량
표 2-17 우리나라의 배출원별 황 산화물 배출량
표 2-18 플라스틱 종류별 전 지구 생산량 변화 및 앞으로의 수요 전망
표 2-19 인류의 7대 물질 시대

3장. 물질순환 모형

표 3-1   육지 및 해양 탄소 순환 구성요소에 초점을 맞춘 CMIP6 지구시스템 모형의 특징

표 3-2	결합 모형 상호 비교 프로젝트 5단계(CMIP5) 및 6단계(CMIP6)에 참여하는 지구시스템 모형과 각 모형에 통합된 해양/해양생지화학 모형	
표 3-3	AR6 데이터베이스에 기여한 통합평가 모형의 온실가스 배출량 출력값 비교	
표 3-4	지구온난화 수준 1.5, 1.7, 2.0 °C에 대한 기준 연도별 잔여 탄소예산 추정치	
표 3-5	전 세계의 보호구역 현황	
표 3-6	세계자연보전연맹의 보호구역 관리 등급	
표 3-7	GBF의 23개 2030 글로벌 실천 목표	
표 3-8	국내 온실가스 모형 사용 현황	

그림

1장. 기후변화

그림 1-1	인류가 경험한 적이 없는 온난화가 예상되는 전 지구 온도 경로
그림 1-2	대기 중 이산화탄소 농도 및 탄소 - 기후 되먹임과 대기 - 해양 - 육지 연결 지구시스템
그림 1-3	전 지구의 평균 에너지 수지
그림 1-4	전 지구 평균 표면 기온(GSAT) 변화: 관측값과 기후모형의 모사값
그림 1-5	전 지구 평균 해수면 변화
그림 1-6	지구온난화 수준별 생물 분류군의 멸종위기종 비율
그림 1-7	기후변화에 따른 장기(1770년~2100년) 전 지구 연평균 해양 표층수 수소이온 농도(pH_T)
그림 1-8	해역별 해수면 온도 변화율
그림 1-9	토지이용과 탄소순환의 관계
그림 1-10	과거 30년(1912~1940) 대비 최근 30년(1991~2020) 우리나라의 계절 길이 변화
그림 1-11	기후변화 시나리오에 따른 21세기 한반도 열대야 발생 전망
그림 1-12	2020년 우리나라 이상 기후 발생 분포도
그림 1-13	기후변화 시나리오 산출 과정
그림 1-14	SSP5-8.5 기준 우리나라 주변 해수 온도 변화

2장. 생태계 물질순환

그림 2-1 생물의 생존과 유지에 필수적인 6대 원소를 포함한 25대 필수
         원소
그림 2-2 전 지구 탄소 순환
그림 2-3 전 지구 육지에 살아있는 식생 생물량 탄소의 장기(2000~2019)
         추이
그림 2-4 해양의 이산화탄소 흡수 기작
그림 2-5 하천을 통한 '육지 → 대기 및 연안 해양'의 탄소 흐름
그림 2-6 공통 사회경제 경로 기준, 2100년까지 육지와 해양 흡수원이
         흡수하는 누적 인위적 이산화탄소 배출량
그림 2-7 전 지구의 물 순환
그림 2-8 전 지구 총 연직수증기량의 기준 기간(1988~2008년) 대비 편차
         변화
그림 2-9 전 지구 질소 저장량
그림 2-10 자연 상태의 생물학적 질소 고정의 예: 남세균(cyanobacteria)의
         질소 고정 효소에서 대기 중 질소를 암모니아로 변환
그림 2-11 전 지구의 질소 순환
그림 2-12 전 지구의 아산화질소 수지
그림 2-13 인지질, DNA, RNA, ATP의 기초를 이루는 인산염과 그 핵심성분
         인
그림 2-14 전 지구의 인 순환
그림 2-15 전 지구의 황 순환
그림 2-16 지구상의 주요 황 저장량
그림 2-17 1750~2019년 누적 배출량에 따른 기후 영향
그림 2-18 전 지구의 플라스틱 생애 주기 순환
그림 2-19 누적되고 돌이키기 힘든 플라스틱 오염의 다양한 잠재적 장기
         전 지구 영향

3장. 물질순환 모형

그림 3-1 적합 모형 그래프와 과정기반 모형의 계산 흐름도
그림 3-2 공간 모형의 예와 시공간 모형의 예
그림 3-3 기상 자료에 근거한 예측 모형과 기상 및 지표면자료에 근거한
         진단 모형
그림 3-4 육상 생태계에 대한 생물권 모형의 종류

그림 3-5   환경 문제 해결을 위한 환경정보학
그림 3-6   G4M 모형을 활용하여 예측한 RCP4.5 시나리오의 북한 식생 순일차생산성(NPP)
그림 3-7   EPIC 모형을 활용하여 추정한 북한의 산림 황폐화와 농업 부문 물 수요
그림 3-8   IAM, RCM, GCM, ESM 비교
그림 3-9   생물권의 물질·에너지 입출력 모형
그림 3-10 인위적 및 자연적 토지 이산화탄소 플럭스 추정 방법: 전 지구 모형과 국가별 온실가스 인벤토리 비교
그림 3-11 CMIP7 관련 업무 및 데이터 흐름
그림 3-12 질소와 황의 단위 면적당 총 침적량 분포
그림 3-13 지구온난화 정도별 5대 우려 요인
그림 3-14 육상 및 해양 보호 구역이 생물다양성, 기후변화 완화 및 식량에 미치는 영향
그림 3-15 생태계 복원: 생태적 복원과 복구
그림 3-16 국가 수준의 기후변화 영향을 본격적으로 분석한 연구 보고서의 국·영문판 표지
그림 3-17 국내 육상생태계 모형 개발 사례: MOTIVE 산림부문 평가 모식도
그림 3-18 우리나라 육상생태계 탄소/질소 모형 및 재해 모형 개발 사례

저자 소개

박훈
고려대학교 오정리질리언스연구원 연구 교수

하워드 오덤이 기초를 닦은 시스템 생태학을 바탕으로 기후정책, 생물다양성 보전, 지속가능한 에너지 정책 등을 연구한다. 생물학적 질소 고정, 생태계 에너지 및 물질 흐름, 기후변화 완화 및 적응 정책 등에 관한 연구에 참여했다. 최근에는 《기후변화 데이터북》,《기후위기, 미래를 만드는 방법》등을 썼다. 미국 델라웨어대학교 에너지환경정책센터(지금의 바이든 공공정책행정대학원 소속)에서 박사 과정을 마쳤다.

송철호
고려대학교 오정리질리언스연구원 연구 교수

시공간 분석에 기반한 생태계 서비스, 기후변화 영향 및 리스크 모델링, 토지 황폐화 분석을 연구해 왔다. 최근에는 생지화학 모델링에 관심을 두고 산림의 탄소 거동과 생태계의 생산성에 대한 연구를 진행하고 있다. 그 외에 인도네시아 이탄지의 생태계 서비스 평가, 국내외 조림 기반 온실가스 감축 사업 전략 연구, 토지 중립성 확보를 위한 리질리언스 환경 계획 모델링 등 다양한 프로젝트를 수행했으며, 90여 편의 국내외 학술 논문을 출판하였다. 고려대학교 환경생태공학과 환경계획 및 조경학 전공에서 이학박사 학위를 받았다.

최현아

고려대학교 오정리질리언스연구원 연구 교수,
한스자이델재단 한국사무소 수석 연구원

산림 및 습지 생태계 보전과 시공간 분석에 기반한 생태계 서비스 평가, 지속가능 발전 목표(SDGs)와 연계한 국제협력 등을 연구한다. DMZ 및 접경지역 주변 생태 조사에 참여하고 있으며, 동아시아-대양주 철새 이동 경로, 서해/황해 보전 관련 연구, 인도네시아 이탄지의 생태계 서비스 평가 관련 연구를 수행하고 있다. 고려대학교 환경생태공학과 환경계획 및 조경학 전공에서 이학박사 학위를 받았다.

이우균

고려대학교 환경생태공학과 교수,
오정리질리언스 연구원장

고려대학교와 독일 괴팅겐대학교에서 산림환경계획을 전공했으며, 기술적 학문 영역은 원격 탐사(Remote Sensing)를 통한 환경 조사 및 모니터링, 지리 정보 체계(Geographic Information System)에 기반한 환경의 시공간 계획이다. 이 경험을 바탕으로 기후변화 취약성 평가 및 적응 계획, 산불·산사태 등의 재난 위험 경감, 기업의 기후변화 대응을 위한 물리적 리스크 평가 등의 연구를 수행하고 있다. 최근에는 한국연구재단의 지원으로 '환경 및 기후위기 대응을 위한 생태계 물질순환 기초과학' 주제의 중점연구소 책임자로 총 9년간 진행되는 연구를 이끌고 있다. 《산림탄소경영의 과학적 근거》, 《자연기반해법》 등의 도서를 출간하였고, 2023년 현재 139편의 국제학술지, 224편의 국내학술지에 논문을 발표하였다. 한국산림경영정보학회, 한국기후변화학회, 대한원격탐사학회의 회장을 역임했으며 현재는 한국과학기술한림원의 정회원으로 활동하고 있다.

기후변화와 생태계 물질순환
Climate Change and Ecosystem Material Cycles

1판 2쇄 2025년 2월 10일
1판 1쇄 2024년 2월 29일
지은이 박훈, 송철호, 최현아, 이우균

편집 이명제
디자인 김민정

펴낸곳 지을
출판등록 제2021-000101호

전화번호 070-7954-3323
홈페이지 www.jieulbooks.com
이메일 jieul.books@gmail.com

ISBN 979-11-93770-10-8 (93530)
ⓒ 박훈, 송철호, 최현아, 이우균, 2024
이 책의 일부 또는 전부를 재사용하려면 반드시 저작권자와 지을
양측의 동의를 얻어야 합니다.

본 연구는 2021년도 정부(교육부)의 재원으로 한국연구재단의
지원을 받아 수행된 기초연구사업임(NRF-2021R1A6A1A10045235).

OJERI Books는 고려대학교 부설 오정리질리언스연구원의
연구 성과를 출판합니다.

이 책은 재생 펄프를 함유한 종이로 만들었습니다.
표지에 비닐 코팅을 하지 않았으므로 종이류로 분리배출할 수 있습니다.
표지: 디프매트 애쉬 256g, 면지: 매그칼라 브릭 116g, 내지: 친환경미색지 95g